もくじ

学校図書版 数学2年

JN085519

テストの範囲や学習予定日をかこう！

学習計画	
出題範囲	学習予定日
5/14	5/10
テストの日	5/11

	教科書ページ	この本のページ ココが要点テスト対策問題	この本のページ 予想問題	学習計画 出題範囲	学習計画 学習予定日
1章　式の計算					
1 式の計算	12〜24	2〜3	4〜5		
2 式の利用	25〜33	6〜7	8〜9		
☀ 章末予想問題	12〜38		10〜11		
2章　連立方程式					
1 連立方程式	40〜56	12〜13	14〜15		
2 連立方程式の利用	57〜63	16〜17	18〜19		
☀ 章末予想問題	40〜67		20〜21		
3章　1次関数					
1 1次関数	70〜86	22〜23	24〜25		
2 方程式と1次関数　3 1次関数の利用	87〜100	26〜27	28〜29		
☀ 章末予想問題	70〜105		30〜31		
4章　図形の性質の調べ方					
1 いろいろな角と多角形	108〜124	32〜33	34〜35		
2 図形の合同	125〜140	36〜37	38〜39		
☀ 章末予想問題	108〜144		40〜41		
5章　三角形・四角形					
1 三角形	146〜158	42〜43	44〜45		
2 四角形	159〜170	46〜47	48〜49		
☀ 章末予想問題	146〜174		50〜51		
6章　確率					
1 確率	178〜184	52〜53	54〜55		
1 確率	185〜190	56〜57	58〜59		
☀ 章末予想問題	178〜196		60〜61		
7章　データの分布					
1 データの分布	198〜208	62〜63			
☀ 章末予想問題	198〜211		64		

✍ **解答と解説** 　　　　　　　　　　　　　　　　　　　　別冊

✍ **ふろく** テストに出る！ **5分間攻略ブック** 　　　　　　別冊

1章 式の計算

1 式の計算

テストに出る! **教科書の ココ が 要点**

📖 さらっとまとめ （赤シートを使って，□に入るものを考えよう。）

1 文字式のしくみ 教 p.14〜p.15

・数や文字をかけ合わせた形の式を 単項式 という。　　例 $3ab$，$-4x^2$

・単項式の和の形で表された式を 多項式 という。　　例 $3a^2$ ＋ $(-7ab)$ ＋ 1 ←定数項
　　　　　　　　　　　　　　　　　　　　　　　　　　項　　　項　　　項

・多項式で，数だけの項を 定数項 という。

・単項式で，かけ合わされている文字の個数を，その単項式の 次数 という。

・多項式では，各項の次数のうちでもっとも大きいものを，その多項式の 次数 という。

2 多項式の計算 教 p.16〜p.20

・文字の部分がまったく同じ項を 同類項 という。
例　┌─同類項─┐
　　$4x$ ＋$6y$ ＋$-3x$ ＋$2y$
　　　　└─同類項─┘

3 単項式の乗法・除法 教 p.21〜p.23

・単項式どうしの乗法は， 係数 の積，文字の積をそれぞれ求め，それらをかける。

・単項式どうしの除法は， 分数 の形に直して約分する。

✓ スピード確認 （□に入るものを答えよう。答えは，下にあります。）

1

□ $3xy$ や $-4a$ のような式を ① という。

① _____

□ $8x-3$ や a^2+ab-4 のような式を ② という。

② _____

□ $5x^2-3y-2$ の項は， ③ である。
★ $5x^2+(-3y)+(-2)$ と単項式の和の形で表してみる。

③ _____

□ $-7x^3y$ の次数は ④ である。
★ $-7x^3y=-7×x×x×x×y$

④ _____

⑤ _____

□ $2ab^2-5a^2+4b$ は ⑤ 次式である。

⑥ _____

2

□ $(3a+b)-(a-4b)=3a+b-a$ ⑥ $b=$ ⑦
★ひく式の各項の符号を変えて加える。

⑦ _____

⑧ _____

□ $3(2x-y)-2(x-3y)=6x-3y-2x$ ⑧ $y=$ ⑨

⑨ _____

3

□ $7a×(-3b)=7×(-3)×a×b=$ ⑩
　　　　　　　　　係数の積　文字の積

⑩ _____

□ $24xy÷(-8x)=-\dfrac{24xy}{8x}=-\dfrac{24×\overset{3}{x}×y}{8×\underset{1}{x}}=$ ⑪

⑪ _____

答 ①単項式　②多項式　③$5x^2$，$-3y$，-2　④4　⑤3　⑥＋4
　　⑦$2a+5b$　⑧＋6　⑨$4x+3y$　⑩$-21ab$　⑪$-3y$

基礎力UP テスト対策問題

1 文字式のしくみ　次の問いに答えなさい。

(1) 次の単項式の次数をいいなさい。

　① $-5ab^2$　　　　　　② $5x^2y^2$

(2) 次の多項式の次数をいいなさい。

　① $4x-3y^2+5$　　　　② $3x^2-7y^3+3$

2 多項式の計算　次の計算をしなさい。

(1) $5x+4y-2x+6y$　　　(2) $(7x+2y)+(x-9y)$

(3) $(5x-7y)-(3x-4y)$　　(4) $5(2x-3y+6)$

(5) $4(2x+y)+2(x-3y)$　　(6) $(-9x+6y+15)\div(-3)$

3 単項式の乗法・除法　次の計算をしなさい。

(1) $4x\times3y$　　　　　(2) $(-4ab)\times3c$

(3) $-8x^2\times(-4y^2)$　　　(4) $36x^2y\div4xy$

(5) $12ab^2\div(-6ab)$　　　(6) $(-9ab^2)\div3b$

テスト対策ナビ

絶対に覚える！

係数
$\underset{\text{文字の数3個}}{-5\times@\times⑥\times⑥}$
➡次数3

ミス注意！

かっこをはずすとき
は，符号に注意する。
$(5x-7y)-(3x-4y)$
$=5x-7y\ominus3x\oplus4y$

符号が変わる

3 (1) $4x\times3y$
$=\underset{\text{係数の積}}{4\times3}\times\underset{\text{文字の積}}{x\times y}$

(4) $36x^2y\div4xy$

$=\dfrac{36x^2y}{4xy}$

$=\dfrac{\overset{9}{36}\times\overset{1}{x}\times x\times\overset{1}{y}}{\underset{1}{4}\times\underset{1}{x}\times\underset{1}{y}}$

約分できるとき
は約分しよう。

テストに出る！
予想問題 ①

1章 式の計算
1 式の計算

🕐 20分

/12問中

1 単項式と多項式，次数　次の㋐〜㋔の式について，下の問いに答えなさい。

| ㋐ $-3x$ | ㋑ $2x^2y+4y$ | ㋒ x^2-4x+4 | ㋓ $5x^2$ |

(1) 単項式と多項式に分けなさい。

(2) 2次式はどれですか。

2 🔎よく出る　多項式の加法・減法　次の計算をしなさい。

(1) $7x^2-4x-3x^2+2x$

(2) $8ab-2a-ab+2a$

(3) $(5a+3b)+(2a-7b)$

(4) $(a^2-4a+3)-(a^2+2-a)$

(5) $\begin{array}{r} 3a+\ b \\ +)\ a-2b \\ \hline \end{array}$

(6) $\begin{array}{r} 5x-2y-3 \\ -)\ x\quad\ -8 \\ \hline \end{array}$

3 多項式と数の乗法・除法　次の計算をしなさい。

(1) $-4(3a-b+2)$

(2) $(-6x-3y+15)\times\left(-\dfrac{1}{3}\right)$

(3) $(-6x+10y)\div2$

(4) $(32a-24b+8)\div(-4)$

1 (2) 次数が2の式を2次式という。
3 多項式と数の除法は，乗法に直してから，分配法則を使う。

4

テストに出る！

予想問題 ②

1章 式の計算
1 式の計算

🕐 20分

/16問中

1 🔍 **よく出る** いろいろな計算　次の計算をしなさい。

(1) $4(a+b)+2(2a-b)$

(2) $2(3x+4y+1)-4(x-2y)$

(3) $\dfrac{2a-b}{3}+\dfrac{a+5b}{6}$

(4) $\dfrac{3x+4y}{5}-\dfrac{2x-3y}{10}$

(5) $\dfrac{1}{3}(5a-2b)-\dfrac{1}{2}(3a-b)$

(6) $x-y-\dfrac{3x-5y}{4}$

2 単項式の乗法・除法　次の計算をしなさい。

(1) $3x\times2xy$

(2) $-\dfrac{1}{4}m\times12n$

(3) $5x\times(-x^2)$

(4) $3a^2b^3\div15ab$

(5) $(-9xy^2)\div\dfrac{1}{3}xy$

(6) $\left(-\dfrac{ab^2}{2}\right)\div\dfrac{1}{4}a^2b$

3 乗法と除法の混じった計算　次の計算をしなさい。

(1) $x^3\times y^2\div xy$

(2) $ab\div2b^2\times4ab^2$

(3) $a^3b\times a\div3b$

(4) $(-12x)\div(-2x)^2\div3x$

1 分数の式は，分母の最小公倍数で通分してから計算する。
2 単項式の除法は，分数の形に直して約分する。同じ文字は約分できることに注意。

2 式の利用

テストに出る！ 教科書の ココ が 要点

📖 さらっとまとめ（赤シートを使って，□に入るものを考えよう。）

1 式の値 教 p.25

・式の値を求めるときは，式を $\boxed{簡単}$ にしてから数を代入すると，計算しやすくなる。

2 文字式による説明 教 p.26〜p.31

・連続する3つの整数のうち，もっとも小さい整数を n とすると，連続する3つの整数は，$\boxed{n}$，$\boxed{n+1}$，$\boxed{n+2}$ と表すことができる。

・2桁の自然数は，十の位の数を a，一の位の数を b とすると，$\boxed{10a+b}$ と表すことができる。

・m，n を整数とすると，偶数は $\boxed{2m}$，奇数は $\boxed{2n+1}$ と表すことができる。

3 等式の変形 教 p.32〜p.33

・等式を $x=\boxed{}$ の形に変形することを，$\boxed{x\text{について解く}}$ という。

　例 $5y+x=6$ を x について解くと，$x=6-5y$

✓ スピード確認（□に入るものを答えよう。答えは，下にあります。）

1

□ $x=2$，$y=1$ のとき，$2(3x+y)-3(x-y)$ の値を求めなさい。

　　$2(3x+y)-3(x-y)=6x+2y-3x+3y$

　　　　　　　　　　　$=\boxed{①}x+\boxed{②}y$

　これに，x，y の値を代入すると，

　　$\boxed{①}x+\boxed{②}y=\boxed{③}$

① ＿＿＿＿

② ＿＿＿＿

③ ＿＿＿＿

④ ＿＿＿＿

2

□ 連続する3つの整数の和が3の倍数になることを，もっとも大きい整数を n として説明しなさい。

　連続する3つの整数は，$n-2$，$n-1$，n と表される。よって，

　　$(n-2)+(n-1)+n=3n-3=3(\boxed{④})$

　　　　　　　★3×(整数) の形に変形する

　$\boxed{④}$ は整数だから，$\boxed{⑤}$ は3の倍数である。

　したがって，連続する3つの整数の和は3の倍数である。

⑤ ＿＿＿＿

⑥ ＿＿＿＿

⑦ ＿＿＿＿

3 は等式の性質を使って解こう。

3

□ 等式 $x+2y=4$ を，y について解くと，$y=\dfrac{\boxed{⑥}+4}{2}$

　★$y=-\dfrac{x}{2}+2$ としてもよい。

□ 等式 $3ab=7$ を，b について解くと，$b=\dfrac{7}{\boxed{⑦}}$

答 ①3　②5　③11　④$n-1$　⑤$3(n-1)$　⑥$-x$　⑦$3a$

基礎力UP テスト対策問題

テスト対策ナビ

1 式の値 $a=-2$, $b=3$ のとき, 次の式の値を求めなさい。

(1) $2(a+2b)-(3a+b)$

絶対に覚える！

式の値を求めるときは，式を簡単にしてから数を代入する。

(2) $16ab^2 \div 8b$

2 文字式による説明 n を整数とするとき，(1), (2)の整数を表す式を⑦〜⑦の中から，すべて選びなさい。

(1) 5 の倍数　　　　(2) 9 の倍数

⑦ $5n+1$	⑦ $5n$	⑦ $5(n+1)$	⑦ $\dfrac{n}{5}$
⑦ $9n-1$	⑦ $9(n-1)$	⑦ $9n$	⑦ $\dfrac{1}{9}n$

2 (1) 5×(整数)

(2) 9×(整数)

の形になっているものを選ぶ。

n が整数なら，$n+1$ や $n-1$ も整数だね。

3 文字式による説明 2桁の自然数と，その十の位の数 a と一の位の数 b を入れかえてできる自然数との和を，a, b を使って表しなさい。

3 ・はじめの自然数

$10a+b$

・入れかえた自然数

$10b+a$

4 等式の変形 次の等式を〔 〕内の文字について解きなさい。

(1) $x+3=2y$ 〔x〕　　　　(2) $\dfrac{1}{2}x=y+3$ 〔x〕

(3) $5x+10y=20$ 〔x〕　　　　(4) $7x-6y=11$ 〔y〕

思い出そう！

等式の性質

$A=B$ ならば，

① $A+m=B+m$

② $A-m=B-m$

③ $Am=Bm$

④ $\dfrac{A}{m}=\dfrac{B}{m}$

$(m \neq 0)$

⑤ $B=A$

テストに出る！

予想問題 ①

1章 式の計算
2 式の利用

⏱ 20分

/ 7問中

1 🔍**よく出る** 式の値　次の問いに答えなさい。

(1)　$a=-2$, $b=3$ のとき，次の式の値を求めなさい。

① 　$4(3a-2b)-3(5a-3b)$
② 　$4(2a+3b)-5(2a-b)$

(2)　$x=-3$, $y=\dfrac{1}{4}$ のとき，次の式の値を求めなさい。

① 　$12x^2y \div 2xy$
② 　$8x^3y^2 \div (-2x^2y)$

2 文字式による説明　連続する2つの整数の和は奇数になります。このことを，次の□をうめて説明しなさい。

〔説明〕 連続する2つの整数を，n，$n+1$ とすると，それらの和は，

$$n+(n+1)=2n+\boxed{①\qquad}$$

$2n$ は $\boxed{②\qquad}$ だから，$2n+\boxed{③\quad}$ は奇数である。

したがって，連続する2つの整数の和は奇数である。

3 🔍**よく出る** 文字式による説明　奇数と奇数の和は，偶数になります。このことを，文字式を使って説明しなさい。

4 文字式による説明　2桁の自然数と，その十の位の数と一の位の数を入れかえてできる自然数との差は，9の倍数になります。このことを，文字式を使って説明しなさい。

1 負の数を代入するときは，( ) をつけて代入する。
2 奇数であることを説明するために，和が偶数 +1 の形で表されることを示す。

1章 式の計算
2 式の利用

🕐 20分

/9問中

1 文字式による説明　右の図で，点Pは線分 AB 上の点です。このとき，AP，PB をそれぞれ直径とする2つの半円の弧の長さの和は，AB を直径とする半円の弧の長さと等しくなることを，文字式を使って説明しなさい。

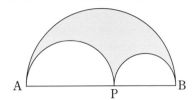

2 🔎**よく出る**　等式の変形　次の等式を〔 〕内の文字について解きなさい。

(1)　$5x + 3y = 4$　〔 y 〕

(2)　$4a - 3b - 12 = 0$　〔 a 〕

(3)　$\dfrac{1}{3}xy = \dfrac{1}{2}$　〔 y 〕

(4)　$\dfrac{1}{12}x + y = \dfrac{1}{4}$　〔 x 〕

(5)　$3a - 5b = 9$　〔 b 〕

(6)　$c = ay + b$　〔 y 〕

3 等式の変形　次の等式を〔 〕内の文字について解きなさい。

(1)　$S = ab$　〔 b 〕

(2)　$V = \pi r^2 h$　〔 h 〕

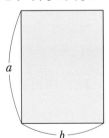

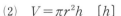

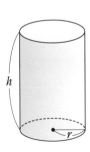

　2 (3)　両辺に3をかけて左辺の分母をはらう。

(6)　y をふくむ項は右辺にあるので，両辺を入れかえてから変形してもよい。

テストに出る！

章末予想問題 1章 式の計算

⏱ 30分

/100点

1 次の⑦〜⑰の式について，下の問いに答えなさい。 3点×3〔9点〕

| ⑦ $3x+5$ | ⑦ $3x^2$ | ⑦ $4x-6y$ |
| エ $-6x$ | オ $4xy+8y^3$ | ⑰ x^2-3x+1 |

(1) 単項式はどれですか。

(2) 1次式はどれですか。

(3) 2次式はどれですか。

2 次の計算をしなさい。 5点×8〔40点〕

(1) $6x^2+3x-4x-2x^2$

(2) $8(a-2b)-3(b-2a)$

(3) $-\dfrac{3}{4}(-8ab+4a^2)$

(4) $(9x^2-6y)\div\left(-\dfrac{3}{2}\right)$

(5) $\dfrac{3a-2b}{4}-\dfrac{a-b}{3}$

(6) $(-3x)^2\times\dfrac{1}{9}xy^2$

(7) $(-4ab^2)\div\dfrac{2}{3}ab$

(8) $4xy^2\div(-12x^2y)\times(-3xy)^2$

3 $x=2$，$y=-\dfrac{1}{3}$ のとき，次の式の値を求めなさい。 5点×3〔15点〕

(1) $(3x+2y)-(x-y)$

(2) $3(2x-3y)+5(3y-2x)$

(3) $18x^3y\div(-6xy)\times2y$

満点ゲット作戦

除法は分数の形に，乗除の混じった計算は，乗法だけの式に直して計算する。例 $3a \div \frac{1}{6}b \times 2a = 3a \times \frac{6}{b} \times 2a$

| ココが **要点** を再確認 | もう一歩 | 合格 |

0   70   85   100点

④ **差がつく** 連続する3つの奇数は，m を整数とすると，$2m+1$, $2m+3$, $2m+5$ と表されます。このとき，連続する3つの奇数の和は3の倍数になることを，文字式を使って説明しなさい。 〔6点〕

⑤ 次の等式を〔 〕内の文字について解きなさい。 5点×6〔30点〕

(1) $3x+2y=7$ 〔y〕

(2) $V=abc$ 〔a〕

(3) $y=4x-3$ 〔x〕

(4) $2a-b=c$ 〔b〕

(5) $V=\frac{1}{3}\pi r^2 h$ 〔h〕

(6) $S=\frac{1}{2}(a+b)h$ 〔b〕

①	(1)	(2)	(3)
②	(1)	(2)	(3)
	(4)	(5)	(6)
	(7)	(8)	
③	(1)	(2)	(3)
④			
⑤	(1)	(2)	(3)
	(4)	(5)	(6)

1 連立方程式

テストに出る！ 教科書の ココ が 要点

📖 さらっとまとめ （赤シートを使って，□に入るものを考えよう。）

1 連立方程式とその解 教 p.42〜p.44

・2種類の文字をふくむ1次方程式を 2元1次方程式 という。

・2元1次方程式を成り立たせる文字の値の組を，2元1次方程式の 解 という。

・2つの2元1次方程式を1組と考えたものを 連立方程式 という。

・連立方程式で，2つの方程式を同時に成り立たせる文字の値の組を，連立方程式の
　 解 といい，解を求めることを，連立方程式を 解く という。

2 連立方程式の解き方 教 p.45〜p.53

・連立方程式を解くためには， 加減法 または 代入法 によって，1つの文字を
　 消去して 解く。

☑️ スピード確認 （□に入るものを答えよう。答えは，下にあります。）

□ 次の㋐〜㋒の中で，2元1次方程式 $2x+y=7$ の解は ①。

　㋐ $\begin{cases} x=1 \\ y=5 \end{cases}$　　㋑ $\begin{cases} x=2 \\ y=-3 \end{cases}$　　㋒ $\begin{cases} x=4 \\ y=1 \end{cases}$

1

□ 次の㋐〜㋒の中で，連立方程式 $\begin{cases} x+y=7 \\ x-y=1 \end{cases}$ の解は ②。

　㋐ $\begin{cases} x=6 \\ y=1 \end{cases}$　　㋑ $\begin{cases} x=2 \\ y=5 \end{cases}$　　㋒ $\begin{cases} x=4 \\ y=3 \end{cases}$

★ 2つの方程式を同時に成り立たせる x, y の値の組を見つける。

① _____
② _____
③ _____
④ _____
⑤ _____
⑥ _____
⑦ _____

□ 連立方程式 $\begin{cases} -x+y=7 & ① \\ 3x+2y=4 & ② \end{cases}$ を解きなさい。

2

【加減法】

①×2　　$-2x+2y=14$
②　　$\underline{-)\ \ 3x+2y=\ 4}$
　　　$\boxed{③}x\ \ \ \ \ =10$
　　　　　　$x=\boxed{④}$

①に代入すると，$y=\boxed{⑤}$

答 $\begin{cases} x=\boxed{④} \\ y=\boxed{⑤} \end{cases}$

【代入法】

①より，$y=x+7$　　③

③を②に代入すると，

　　$3x+2(x+7)=4$

よって，$x=\boxed{⑥}$

③に代入すると，$y=\boxed{⑦}$

答 $\begin{cases} x=\boxed{⑥} \\ y=\boxed{⑦} \end{cases}$

> 加減法と代入法，
> どちらの方法で
> も解けるように
> しよう。

基礎力UP テスト対策問題

1 連立方程式とその解　次の連立方程式のうち，$\begin{cases} x=-1 \\ y=3 \end{cases}$ が解となるのは，どれですか。

㋐ $\begin{cases} 2x+y=5 \\ 3x+2y=3 \end{cases}$　㋑ $\begin{cases} x+2y=5 \\ 3x-2y=-9 \end{cases}$　㋒ $\begin{cases} 2x+3y=7 \\ 2x+y=0 \end{cases}$

2 加減法　次の連立方程式を加減法で解きなさい。

(1) $\begin{cases} 5x+2y=4 \\ x-2y=8 \end{cases}$　(2) $\begin{cases} 2x+3y=11 \\ 2x-y=-1 \end{cases}$

(3) $\begin{cases} 3x+2y=7 \\ x+5y=11 \end{cases}$　(4) $\begin{cases} 4x+3y=18 \\ -5x+7y=-1 \end{cases}$

3 代入法　次の連立方程式を代入法で解きなさい。

(1) $\begin{cases} x+y=10 \\ y=4x \end{cases}$　(2) $\begin{cases} y=2x+1 \\ 5x-y=8 \end{cases}$

(3) $\begin{cases} 4x-5y=13 \\ x=3y-2 \end{cases}$　(4) $\begin{cases} y=x+1 \\ 3x-2y=-7 \end{cases}$

4 いろいろな連立方程式　次の連立方程式を解きなさい。

(1) $\begin{cases} 8x-5y=13 \\ 10x-3(2x-y)=1 \end{cases}$　(2) $\begin{cases} 3x+2y=4 \\ \frac{1}{2}x-\frac{1}{5}y=-2 \end{cases}$

(3) $\begin{cases} 2x+3y=-2 \\ 0.3x+0.7y=0.2 \end{cases}$　(4) $3x+2y=5x+y=7$

テストに出る！

予想問題 ①

2章 連立方程式
1 連立方程式

⏱ 20分

/10問中

1 加減法と代入法　次の連立方程式を解きなさい。

(1) $\begin{cases} 2x+3y=17 \\ 3x+4y=24 \end{cases}$

(2) $\begin{cases} 8x+7y=12 \\ 6x+5y=8 \end{cases}$

(3) $\begin{cases} 2x-7y+3=0 \\ 3x-8y-3=0 \end{cases}$

(4) $\begin{cases} 2x+y=11 \\ y=7-x \end{cases}$

(5) $\begin{cases} x=4y-10 \\ 3x-y=-8 \end{cases}$

(6) $\begin{cases} 5x=4y-1 \\ 5x-3y=-7 \end{cases}$

2 🔍**よく出る**　かっこをふくむ連立方程式　次の連立方程式を解きなさい。

(1) $\begin{cases} 3x-y=2 \\ 4x-3(2x-y)=8 \end{cases}$

(2) $\begin{cases} 3x+5y=-11 \\ 2(x-5)=y \end{cases}$

(3) $\begin{cases} x-3(y-5)=0 \\ 7x=6y \end{cases}$

(4) $\begin{cases} 4(x+y)=3y-2 \\ x+y=1 \end{cases}$

1 $x=\blacksquare$ や $y=\blacksquare$ の形の方程式があるときは，代入法を使うとよい。
2 かっこをふくむ方程式は，かっこをはずして整理する。

テストに出る!

予想問題 ②

2章 連立方程式
1 連立方程式

⏱20分

/10問中

1 🔎**よく出る**　係数に分数・小数をふくむ連立方程式　次の連立方程式を解きなさい。

(1) $\begin{cases} \dfrac{3}{4}x - \dfrac{1}{2}y = 2 \\ 2x + y = 3 \end{cases}$

(2) $\begin{cases} x + 2y = -4 \\ \dfrac{1}{2}x - \dfrac{2}{3}y = 3 \end{cases}$

(3) $\begin{cases} 2x - y = 15 \\ \dfrac{1}{2}x + \dfrac{1}{3}y = 2 \end{cases}$

(4) $\begin{cases} 1.2x + 0.5y = 5 \\ 3x - 2y = 19 \end{cases}$

(5) $\begin{cases} 0.5x - 1.4y = 8 \\ -x + 2y = -12 \end{cases}$

(6) $\begin{cases} 0.1x + 0.05y = 20 \\ 5x - 2y = 100 \end{cases}$

2 $A = B = C$ の形をした連立方程式　次の連立方程式を解きなさい。

(1) $2x + 3y = -x - 3y = 5$

(2) $x + y + 6 = 4x + y = 5x - y$

3 3つの文字をふくむ連立方程式　次の連立方程式を解きなさい。

(1) $\begin{cases} x + y + z = 8 \\ 3x + 2y + z = 14 \\ z = 3x \end{cases}$

(2) $\begin{cases} x + 2y - z = 7 \\ 2x + y + z = -10 \\ x - 3y - z = -8 \end{cases}$

 成績UPナビ

1 係数に分数をふくむときは，両辺に分母の公倍数をかけて，係数を整数にする。
　　係数に小数をふくむときは，両辺に 10，100 などをかけて，係数を整数にする。

2 連立方程式の利用

テストに出る！ 教科書の ココ が 要点

📔 さらっとまとめ（赤シートを使って，□に入るものを考えよう。）

1 連立方程式の利用 教 p.57〜p.63

・連立方程式を利用して問題を解く手順

  1 問題の中にある，| 数量の関係 | を見つけ，図や表，ことばの式で表す。

  2 わかっている数量，わからない数量をはっきりさせ，文字を使って | 連立方程式 |
  をつくる。

  3 連立方程式を | 解く |。

  4 連立方程式の解が問題に | 適している | か確かめる。

✅ スピード確認（□に入るものを答えよう。答えは，下にあります。）

1

□ 1個100円のりんごと1個60円のみかんを合わせて9個買っ
たところ，代金の合計は700円だった。

問題にふくまれている数量の関係は，次のようになる。

個数の関係　←りんごの個数─みかんの個数→
　　　　　　　────9個────

代金の関係　←りんごの代金─みかんの代金→
　　　　　　　────700円────

りんごを x 個，みかんを y 個買ったとして，連立方程式をつくると，

・個数の関係より，| ① |＋| ② |＝9

・代金の関係より，| ③ |＋| ④ |＝700

□ ノート3冊とボールペン2本の代金の合計は480円，ノート5
冊とボールペン6本の代金の合計は1120円だった。ノート1
冊の値段を x 円，ボールペン1本の値段を y 円とする。

・（ノート1冊の値段）×3＋（ボールペン1本の値段）×2＝480

　この関係から方程式をつくると，

　| ⑤ |＋| ⑥ |＝480

・（ノート1冊の値段）×5＋（ボールペン1本の値段）×6＝1120

　この関係から方程式をつくると，

　| ⑦ |＋| ⑧ |＝1120

①
②
③
④
⑤
⑥
⑦
⑧

> 文字 x, y を使
> って，方程式を
> 2つつくるよ。

答 ①x ②y ③$100x$ ④$60y$ ⑤$3x$ ⑥$2y$ ⑦$5x$ ⑧$6y$

基礎力UP テスト対策問題

1 代金の問題　1個100円のパンと1個120円のおにぎりを合わせて10個買うと，代金の合計が1100円になりました。パンとおにぎりをそれぞれ何個買ったかを求めます。

(1)　100円のパンを x 個，120円のおにぎりを y 個買ったとして，数量を表に整理しなさい。

	パン	おにぎり	合計
1個の値段（円）	100	120	
個数（個）	x	y	10
代金（円）	㋐	㋑	㋒

(2)　(1)の表から，連立方程式をつくり，個数を求めなさい。

ポイント

文章題では，数量の間の関係を，図や表に整理するとわかりやすい。

1　(2)　個数の関係，代金の関係から，2つの方程式をつくる。

2 速さの問題　家から1000 m離れた駅まで行くのに，はじめは分速50 mで歩き，途中から分速100 mで走ったところ，全体で14分かかりました。

(1)　歩いた道のりを x m，走った道のりを y mとして，数量を図と表に整理しなさい。

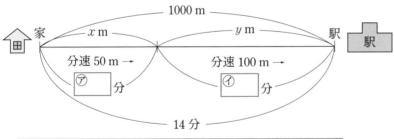

	歩いたとき	走ったとき	合計
道のり（m）	x	y	1000
速さ（m/min）	50	100	
時間（分）	㋐	㋑	14

(2)　(1)の表から，連立方程式をつくり，歩いた道のり，走った道のりを求めなさい。

思い出そう！

時間，道のり，速さの問題は，次の関係を使って方程式をつくる。

$$（時間）=\frac{（道のり）}{（速さ）}$$

$$（道のり）=（速さ）×（時間）$$

2　(2)　道のりの関係，時間の関係から，2つの方程式をつくる。

分数を整数に直すよ。

テストに出る！

予想問題 ①

2章 連立方程式
2 連立方程式の利用

🕐 20分

/5問中

1 硬貨の問題　500円硬貨と100円硬貨を合計22枚集めたら，合計金額は6200円になりました。このとき500円硬貨と100円硬貨は，それぞれ何枚か求めなさい。

2 🔍よく出る　代金の問題　鉛筆3本とノート5冊の代金の合計は840円，鉛筆6本とノート7冊の代金の合計は1320円でした。鉛筆1本とノート1冊の値段をそれぞれ求めなさい。

3 速さの問題　家から学校までの道のりは1500mです。はじめは分速60mで歩いていましたが，雨が降ってきたので，途中から分速120mで走ったら，学校に着くのに20分かかりました。

(1)　歩いた道のりをxm，走った道のりをymとして，数量を図と表に整理しなさい。

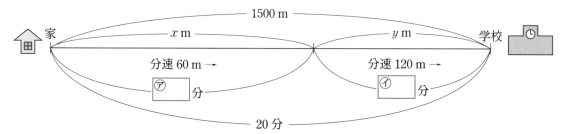

	歩いたとき	走ったとき	合計
道のり (m)	x	y	1500
速さ (m/min)	60	120	
時間 (分)	㋐	㋑	20

(2)　(1)の表から，連立方程式をつくり，歩いた道のり，走った道のりを求めなさい。

(3)　歩いた時間と走った時間を文字を使って表して連立方程式をつくり，歩いた道のりと走った道のりがそれぞれ何mか求めなさい。

3 (3)　歩いた時間をx分，走った時間をy分として，連立方程式をつくる。この連立方程式の解が，そのまま答えとならないことに注意。

2章 連立方程式
2 連立方程式の利用

⏱ 20分
/ 4問中

1 🔍 **よく出る** 速さの問題　14 km 離れたところに行くのに，はじめは自転車に乗って時速 16 km で走り，途中から時速 4 km で歩いたら，全体で 2 時間かかりました。自転車に乗った道のりと歩いた道のりを求めなさい。

2 割合の問題　ある店では，ケーキとドーナツを合わせて 150 個つくりました。そのうち，ケーキは 6 %，ドーナツは 10 % 売れ残り，合わせて 13 個が売れ残りました。ケーキとドーナツをそれぞれ何個つくったか求めなさい。

3 食塩水の問題　7 % の食塩水と 15 % の食塩水を混ぜて，10 % の食塩水 400 g をつくります。

(1)　7 % の食塩水を x g，15 % の食塩水を y g 混ぜるとして，数量を表に整理しなさい。

濃度	7 %	15 %	10 %
食塩水 (g)	x	y	400
食塩 (g)	⑦	④	$400 \times \dfrac{10}{100}$

(2)　(1)の表から，連立方程式をつくり，7 %，15 % の食塩水をそれぞれ何 g ずつ混ぜればよいか求めなさい。

1 道のりの関係と時間の関係についての連立方程式をつくる。
2 つくった個数の関係と，売れ残った個数の関係についての連立方程式をつくる。

19

テストに出る！

章末予想問題

2章 連立方程式

⏱ 30分

/100点

1 次の x，y の値の組の中で，連立方程式 $\begin{cases} 7x+3y=34 \\ 5x-6y=8 \end{cases}$ の解はどれですか。 〔8点〕

㋐ $x=4$，$y=2$ ㋑ $x=5$，$y=-\dfrac{1}{3}$ ㋒ $x=-2$，$y=-3$

2 次の連立方程式を解きなさい。 6点×6〔36点〕

(1) $\begin{cases} 4x-5y=6 \\ 3x-2y=1 \end{cases}$

(2) $\begin{cases} 5x-3y=11 \\ 3y=2x+1 \end{cases}$

(3) $\begin{cases} 3(x-2y)+5y=2 \\ 4x-3(2x-y)=8 \end{cases}$

(4) $\begin{cases} 3x+4y=1 \\ \dfrac{1}{3}x+\dfrac{2}{5}y=\dfrac{1}{3} \end{cases}$

(5) $\begin{cases} \dfrac{3}{4}x-\dfrac{2}{3}y=\dfrac{7}{6} \\ 1.3x+0.6y=-5 \end{cases}$

(6) $3x-y=2x+y=x-2y+5$

3 差がつく 次の㋐，㋑の連立方程式が同じ解をもつとき，a，b の値を求めなさい。

〔8点〕

㋐ $\begin{cases} 5x+3y=7 \\ ax-by=10 \end{cases}$

㋑ $\begin{cases} bx+ay=5 \\ 4x-3y=11 \end{cases}$

4 A町からB町を通ってC町まで行く道のりは23kmです。ある人がA町からB町までは時速4km，B町からC町までは時速5kmで歩いて，全体で5時間かかりました。A町からB町までの道のりとB町からC町までの道のりを求めなさい。〔16点〕

5 ある中学校の昨年の全校生徒数は，男女合わせて425人でした。今年は，昨年と比べ，男子が7%，女子が4%増えたため，全体では23人増えています。昨年の男子と女子の人数を，それぞれ求めなさい。〔16点〕

6 差がつく　10%の食塩水と18%の食塩水を混ぜて，12%の食塩水を300gつくります。それぞれ何gずつ混ぜればよいですか。〔16点〕

1			
2	(1)	(2)	(3)
	(4)	(5)	(6)
3			
4	A町からB町　　　　　　　　　，B町からC町		
5	昨年の男子の人数　　　　　　　，昨年の女子の人数		
6	10%の食塩水　　　　　　　　，18%の食塩水		

1 1次関数

テストに出る! 教科書の ココ が 要点

さらっとまとめ （赤シートを使って，□に入るものを考えよう。）

1 1次関数 教 p.72〜p.75

・y が x の関数で，y が x の1次式で表されるとき，y は x の1次関数である といい，一般に $y=ax+b$ と表される。

・1次関数 $y=ax+b$ では，変化の割合は 一定 で，x の係数 a に等しい。

$$（変化の割合）=\frac{（\boxed{y}\,の増加量）}{（\boxed{x}\,の増加量）}=\boxed{a}$$

2 1次関数のグラフ 教 p.76〜p.81

・1次関数 $y=ax+b$ のグラフは，$y=ax$ のグラフを y 軸の正の向きに b だけ平行移動した直線である。また，傾き が a，切片 が b の直線である。

・$a>0$ のとき，グラフは 右上がり の直線になる。

・$a<0$ のとき，グラフは 右下がり の直線になる。

3 1次関数のグラフのかき方・直線の式の求め方 教 p.82〜p.86

・1次関数 $y=ax+b$ の式を，直線の式 ともいう。

・直線の式を求めるためには，$y=ax+b$ の a，b の値を求めればよい。

スピード確認 （□に入るものを答えよう。答えは，下にあります。）

□ 次の⑦〜④のうち，y が x の1次関数であるものは ① 。

⑦ $y=2x+1$　　④ $y=-x$　　⑦ $y=5x^2$　　④ $y=\dfrac{2}{x}$

1

□ 1次関数 $y=5x+2$ の変化の割合は ② である。

□ 1次関数 $y=3x+4$ で，x の値が1増加したときの y の増加量は ③ である。

2

□ 1次関数 $y=2x+4$ のグラフは，$y=2x$ のグラフを，y 軸の正の向きに ④ だけ平行移動した直線である。

□ 1次関数 $y=3x-5$ のグラフは，傾き ⑤ ，切片 ⑥ ，右 ⑦ の直線である。

3

□ 点 $(2, 3)$ を通り，傾きが2の直線の式は，$y=2x+b$ に $x=2$，$y=3$ を代入して $b=$ ⑧ ，したがって $y=$ ⑨

① _____

② _____

③ _____

④ _____

⑤ _____

⑥ _____

⑦ _____

⑧ _____

⑨ _____

答 ①⑦，④　②5　③3　④4　⑤3　⑥−5　⑦上がり　⑧−1　⑨$2x-1$

基礎力UP テスト対策問題

1 変化の割合　次の1次関数について，変化の割合をいいなさい。
また，x の増加量が 3 のときの y の増加量を求めなさい。

(1) $y = 3x + 9$

(2) $y = -x + 4$

(3) $y = \dfrac{1}{2}x + 4$

(4) $y = -\dfrac{1}{3}x - 1$

2 1次関数のグラフ　次の㋐〜㋓の1次関数があります。

㋐ $y = 4x - 2$

㋑ $y = -3x + 1$

㋒ $y = -\dfrac{2}{3}x - 2$

㋓ $y = 4x + 3$

(1) それぞれのグラフの傾きと切片をいいなさい。

(2) グラフが右下がりの直線になるのはどれですか。

(3) グラフが平行になるのはどれとどれですか。

ポイント

■ $y = ax + b$ で，
$a > 0$ ➡ 右上がり
$a < 0$ ➡ 右下がり

グラフが平行ということは，傾きが等しいよ。

3 直線の式の求め方　次の直線の式を求めなさい。

(1) 点 $(-1,\ 4)$ を通り，傾きが -2 の直線

(2) 点 $(3,\ 1)$ を通り，切片が 4 の直線

(3) 2点 $(1,\ 5)$，$(3,\ 9)$ を通る直線

ポイント

求める直線の式を
$y = ax + b$ とおき，
a，b の値を求める。

3 (3) 傾きは，
$\dfrac{9-5}{3-1}$

テストに出る！
予想問題 ❶

3章 1次関数
1 1次関数

⏱20分

/9問中

1 1次関数　水が 2 L 入っている水そうに，一定の割合で水を入れます。水を入れ始めてから 5 分後には，水そうの中の水の量は 22 L になりました。

(1)　1分間に，水の量は何 L ずつ増えましたか。

(2)　水を入れ始めてから x 分後の水そうの中の水の量を y L として，y を x の式で表しなさい。

2 変化の割合　次の1次関数について，変化の割合をいいなさい。また，x の値が 2 から 6 まで増加したときの y の増加量を求めなさい。

(1)　$y = x - 7$

(2)　$y = -\dfrac{1}{2}x + 3$

3 1次関数のグラフ　次の1次関数について，グラフの傾きと切片をいいなさい。

(1)　$y = 5x - 3$

(2)　$y = -9x$

4 🔍よく出る　1次関数のグラフのかき方　次の1次関数のグラフを，下の図にかき入れなさい。

　⑦　$y = 3x - 1$　　　　⑦　$y = -2x + 5$　　　　⑦　$y = \dfrac{2}{3}x + 1$

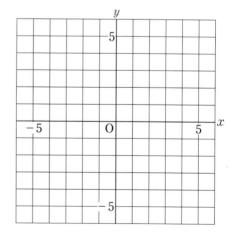

成績
U・P
ナビ

2 x の増加量は，6-2＝4 である。y の増加量は，$a \times (x$ の増加量) の式で求める。
4 まず切片から y 軸上の点をとり，次に傾きからもう1点を決める。

3章 1次関数
1 1次関数

🕐 20分

/10問中

1 1次関数のグラフ　次の⑦〜⑰の1次関数の中から，下の(1)〜(4)にあてはまるものをすべて選び，その記号で答えなさい。

　⑦　$y=6x-5$　　　　　　⑦　$y=-2x-4$　　　　　　⑤　$y=6x+3$

　⑤　$y=\dfrac{2}{3}x-3$　　　　　⑦　$y=-\dfrac{2}{3}x+14$　　　　⑰　$y=\dfrac{3}{4}x-5$

(1)　グラフが右上がりの直線になるもの　　(2)　グラフが点$(-3, 2)$を通るもの

(3)　グラフが平行になるものの組　　　　(4)　グラフがy軸上で交わるものの組

2 直線の式　右の図の直線(1)〜(3)の式を求めなさい。

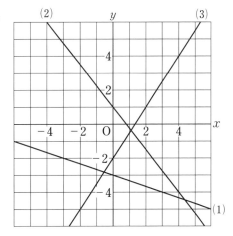

3 🔍よく出る　直線の式　次の直線の式を求めなさい。

(1)　点$(1, 3)$を通り，傾きが2の直線

(2)　点$(1, 2)$を通り，切片が-1の直線

(3)　2点$(-3, -1)$，$(6, 5)$を通る直線

成績
UP
ナビ

2 y軸との交点は，切片を表す。ます目の交点にある点をもう1つ見つけ，傾きを求める。
3 (3)　2点の座標から傾きを求める。または，連立方程式をつくって求める。

3章 1次関数

2 方程式と1次関数　3 1次関数の利用

テストに出る！ **教科書の ココ が 要点**

📖 さらっとまとめ（赤シートを使って，□に入るものを考えよう。）

1 2元1次方程式のグラフ　教 p.87〜p.91

・2元1次方程式 $ax+by=c$ のグラフは，直線である。

とくに，$a=0$ のとき ➡ x軸に平行 な直線となる。

　　　　$b=0$ のとき ➡ y軸に平行 な直線となる。

2 連立方程式の解とグラフ　教 p.92〜p.94

・2つの2元1次方程式のグラフの 交点 の x 座標，y 座標の組は，その2つの方程式を
1組にした 連立方程式 の 解 である。

☑ スピード確認（□に入るものを答えよう。答えは，下にあります。）

1

□ 方程式 $3x-y=3$ のグラフは，この式を y について解くと，$y=$①となる。よって，傾きが②，切片が③の直線になる。

□ 方程式 $2y-6=0$ のグラフは，この式を y について解くと，$y=$④となる。よって，点 $(0,$ ⑤$)$ を通り，⑥軸に平行な直線になる。

□ 方程式 $3x-12=0$ のグラフは，この式を x について解くと，$x=$⑦となる。よって，点 $($⑧$, 0)$ を通り，⑨軸に平行な直線になる。

① ＿＿＿＿＿＿
② ＿＿＿＿＿＿
③ ＿＿＿＿＿＿
④ ＿＿＿＿＿＿
⑤ ＿＿＿＿＿＿
⑥ ＿＿＿＿＿＿
⑦ ＿＿＿＿＿＿

2

□ 連立方程式 $\begin{cases} 2x-y=3 & ⑦ \\ x+2y=4 & ⑦ \end{cases}$ の解は，

右の図のグラフより，交点の x 座標，

y 座標を読み取り，$\begin{cases} x=⑩ \\ y=⑪ \end{cases}$

□ 2直線 $\ell: x-2y=1$，$m: 6x+8y=1$
の交点の座標は，ℓ，m を組み合わせた

連立方程式 $\begin{cases} x-2y=1 \\ 6x+8y=1 \end{cases}$ の解であるから，$\begin{cases} x=⑫ \\ y=⑬ \end{cases}$

したがって，交点の座標は，$(⑫, ⑬)$ となる。

⑧ ＿＿＿＿＿＿
⑨ ＿＿＿＿＿＿
⑩ ＿＿＿＿＿＿
⑪ ＿＿＿＿＿＿
⑫ ＿＿＿＿＿＿
⑬ ＿＿＿＿＿＿

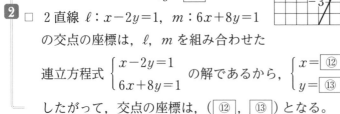

答 ➡ ①$3x-3$ ②$3$ ③-3 ④$3$ ⑤$3$ ⑥x ⑦$4$ ⑧$4$ ⑨y ⑩2 ⑪1 ⑫$\frac{1}{2}$ ⑬$-\frac{1}{4}$

基礎力UP テスト対策問題

テスト対策ナビ

1 2元1次方程式のグラフ　次の方程式のグラフをかきなさい。

(1) $x - y = -3$

(2) $2x + y - 1 = 0$

(3) $y - 4 = 0$

(4) $5x - 10 = 0$

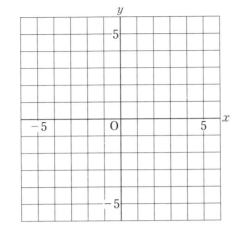

絶対に覚える！

$ax + by = c$ のグラフをかくには，

$y = \bigcirc x + \square$
　　傾き　切片

の形に変形するか，2点の座標を求めてかく。

2 連立方程式の解とグラフ　次の連立方程式を，グラフを使って解きなさい。

$$\begin{cases} x - 2y = -6 & ① \\ 3x - y = 2 & ② \end{cases}$$

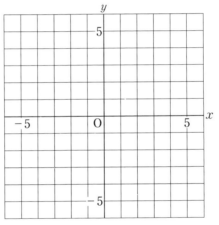

絶対に覚える！

連立方程式の解とグラフの関係を理解しておこう。

連立方程式の解
$x = \bigcirc,\ y = \triangle$
⇕
グラフの交点の座標
$(\bigcirc,\ \triangle)$

3 連立方程式の解とグラフ　下の図について，次の問いに答えなさい。

(1) ①，②の直線の式を求めなさい。

(2) 2直線の交点の座標を求めなさい。

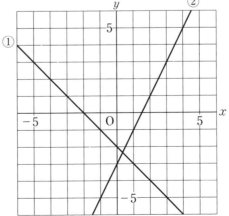

3(2) 交点の座標は，グラフからは読み取れないので，①，②の式を連立方程式として解いて求める。

テストに出る！
予想問題①

3章 1次関数
2 方程式と1次関数

🕐 20分

／8問中

1 🔎**よく出る**　2元1次方程式のグラフ　次の方程式のグラフをかきなさい。

(1) $2x+3y=6$

(2) $x-4y-4=0$

(3) $-3x-1=8$

(4) $2y+3=-5$

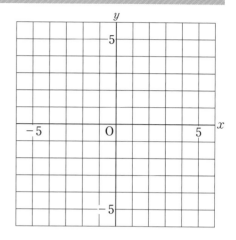

2 連立方程式の解とグラフ　次の(1)～(3)の連立方程式の解について，⑦～⑦の中からあてはまるものを選び，その記号で答えなさい。

(1) $\begin{cases} 3x+y=7 \\ 6x+2y=-2 \end{cases}$　　(2) $\begin{cases} 4x-3y=9 \\ 5x+y=16 \end{cases}$　　(3) $\begin{cases} 6x-3y=3 \\ 12x-6y=6 \end{cases}$

> ⑦　2つのグラフは平行で交点がないので，解はない。
> ⑦　2つのグラフは一致するので，解は無数にある。
> ⑦　2つのグラフは1点で交わり，解は1組だけある。

3 連立方程式の解とグラフ　次の連立方程式を，グラフを使って解きなさい。

$\begin{cases} 2x-3y=6 & ① \\ y=-4 & ② \end{cases}$

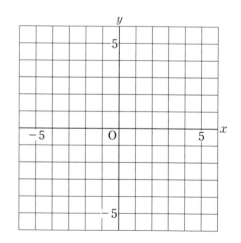

　2 それぞれの方程式を，$y=ax+b$ の形に変形してから調べる。(1)は傾きが等しい直線，(3)は傾きも切片も等しい直線になることがわかる。

テストに出る！

予想問題 ②

3章 1次関数
3 1次関数の利用

🕐20分

/7問中

1 🔍**よく出る**　**1次関数と図形**　右の図の長方形 ABCD で，点Pは B を出発して，辺上を C，D を通って A まで動きます。点Pが B から x cm 動いたときの △ABP の面積を y cm² とします。

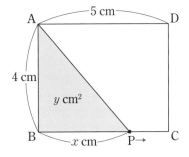

(1)　点Pが辺 BC 上にあるとき，y を x の式で表しなさい。

(2)　点Pが辺 CD 上にあるとき，y の値を求めなさい。

(3)　点Pが辺 AD 上にあるとき，y を x の式で表しなさい。

(4)　x と y の変化のようすを表すグラフをかきなさい。

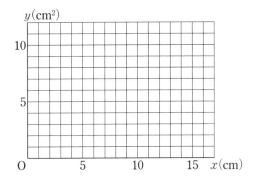

2　**1次関数のグラフの利用**　兄は午前 9 時に家を出発し，東町までは自転車で走り，東町から西町までは歩きました。右のグラフは，兄が家を出発してからの時間と道のりの関係を表したものです。

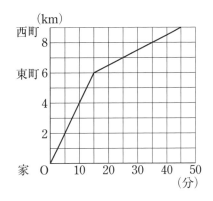

(1)　兄が東町まで自転車で走ったときの速さは，分速何mか求めなさい。

(2)　兄が東町から西町まで歩いたときの速さは，分速何mか求めなさい。

(3)　弟は午前 9 時 15 分に家を出発し，分速 400 m で，自転車で兄を追いかけました。弟が兄に追いつく時刻を，グラフをかいて求めなさい。

 1 (1)　$y = \frac{1}{2} \times \text{AB} \times \text{BP}$　　(2)　$y = \frac{1}{2} \times \text{AB} \times \text{AD}$　　(3)　$y = \frac{1}{2} \times \text{AB} \times \text{AP}$

テストに出る！

章末予想問題 | 3章 1次関数

⏱ 30分

/100点

1 次の⑦〜㋑のうち，y が x の1次関数であるものをすべて選び，記号で答えなさい。

〔5点〕

⑦ $y = \dfrac{2}{x}$　　　　㋑ $y = -3x + 2$　　　㋒ $y = x$　　　　㋓ $y = 5x^2$

2 次の⑦〜㋓の1次関数について，グラフが平行なものの組を選び，記号で答えなさい。

〔5点〕

⑦ $y = x + 3$　　　㋑ $y = \dfrac{2}{3}x$　　　　㋒ $y = -3x + 3$　　　㋓ $y = \dfrac{2}{3}x + 1$

3 1次関数 $y = -2x + 2$ について，次の問いに答えなさい。　　10点×2〔20点〕

(1) この関数のグラフの傾きと切片をいいなさい。

(2) $-5 \leqq y \leqq 5$ となるのは，x がどんな範囲にあるときですか。

4 次の条件をみたす1次関数や直線の式を求めなさい。　　10点×3〔30点〕

(1) $x = 4$ のとき $y = -3$ で，x の値が2だけ増加すると，y の値は1だけ減少する1次関数

(2) 2点 $(-1,\ 7)$，$(3,\ -5)$ を通る直線

(3) x 軸との交点が $(3,\ 0)$，y 軸との交点が $(0,\ -4)$ である直線

満点ゲット作戦

1次関数の式 $y=ax+b$ のグラフは，直線 $y=ax$ に平行で，点 $(0,\ b)$ を通る直線。$a>0 →$ 右上がり，$a<0 →$ 右下がり

ココが 要 点 を再確認　もう一歩　合格
0　　　　　　70　　85　　100点

⑤ 水を熱し始めてからの時間と水温の関係は右の表のようになりました。熱し始めてから x 分後の水温を y°C として，x と y

時間（分）	0	1	2	3	4
水温（°C）	22	28	34	39	46

の関係をグラフに表すと，ほぼ $(0,\ 22)$，$(4,\ 46)$ を通る直線上に並ぶことから，y は x の1次関数であるとみなすことができます。　　　　　　　10点×2〔20点〕

⑴　y を x の式で表しなさい。

⑵　水温が 94°C になるのは，水を熱し始めてから何分後だと予想できますか。

⑥ **差がつく**　姉は，家から 12 km 離れた東町まで行き，しばらくしてから帰ってきました。右の図は，家を出発してから x 時間後の家からの道のりを y km として，x と y の関係を表したものです。　　10点×2〔20点〕

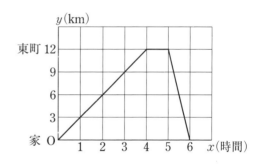

⑴　x の変域が $5≦x≦6$ のとき，y を x の式で表しなさい。

⑵　姉が東町に着くと同時に，妹は家から時速 4 km の速さで歩いて東町に向かいました。2人は家から何 km 離れた地点で出会いますか。

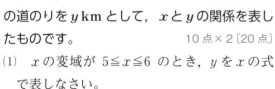

①	
②	

③	⑴ 傾き　　　　　　　，切片	⑵

④	⑴	⑵	⑶

⑤	⑴	⑵

⑥	⑴	⑵

1 いろいろな角と多角形

テストに出る! **教科書の ココ が 要点**

📄 さらっとまとめ (赤シートを使って, □に入るものを考えよう。)

1 いろいろな角　教 p.108〜p.114

・2直線が交わっているとき, 向かい合った2つの角を 対頂角 という。

・ 対頂角 は等しい。

・2直線に1つの直線が交わるとき, 次の①, ②が成り立つ。

　① 2直線が 平行 ならば, 同位角 , 錯角 は等しい。

　② 同位角 または 錯角 が等しいならば, 2直線は 平行 である。

2 三角形の角　教 p.115〜p.117

・三角形の 内角 の和は, 180° である。

・三角形の 外角 は, これととなり合わない2つの内角の和に等しい。

3 多角形の角　教 p.118〜p.123

・n角形の内角の和は, $180° \times (n-2)$ である。

・多角形の外角の和は, 360° である。

☑ スピード確認 (□に入るものを答えよう。答えは, 下にあります。)

□ 右の図で, 対頂角は等しいので,

　∠a＝∠ ① 　　∠b＝∠ ②

　★向かい合った2つの角が対頂角である。

　① _____

　② _____

1 □ 右の図で, $\ell \parallel m$ のとき,

　∠xの同位角は ∠ ③

　∠xの錯角は ∠ ④

　∠x＝70° ならば, ∠a＝∠c＝ ⑤ °

　∠b＝∠d＝ ⑥ °

　③ _____

　④ _____

　⑤ _____

　⑥ _____

2 □ 三角形の内角の和は, ⑦ ° である。

□ 右の図で, ∠xの大きさは, ⑧ ° である。

　★115°＝∠x＋80° の関係より求める。

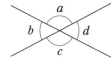

　⑦ _____

　⑧ _____

□ 十一角形の内角の和は, ⑨ ° である。

　★$180° \times (11-2)$ より求める。

3 □ 九角形の外角の和は, ⑩ ° である。

　★多角形の外角の和は, いつでも 360° である。

　⑨ _____

　⑩ _____

答 ①c ②d ③a ④c ⑤70 ⑥110 ⑦180 ⑧35 ⑨1620 ⑩360

基礎力UP テスト対策問題

1 平行線と角　下の図で，$\ell // m$ のとき，次の問いに答えなさい。

(1)　∠a の同位角をいいなさい。

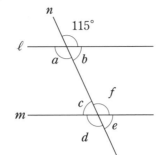

(2)　∠b の錯角をいいなさい。

(3)　∠c の対頂角をいいなさい。

(4)　∠a〜∠f の大きさを求めなさい。

2 多角形の角　次の問いに答えなさい。

(1)　七角形の内角の和を求めなさい。

(2)　正八角形の1つの内角の大きさを求めなさい。

(3)　十角形の外角の和を求めなさい。

(4)　正十二角形の1つの外角の大きさを求めなさい。

3 多角形の角　右の五角形について，次の
問いに答えなさい。

(1)　1つの頂点から，何本の対角線が引け
ますか。

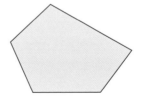

(2)　(1)の対角線によって，何個の三角形に分けられますか。

(3)　五角形の内角の和を求めなさい。

ポイント

平行線の性質
1 同位角は等しい。
2 錯角は等しい。

絶対に覚える！

■n 角形の内角の和
→$180° \times (n-2)$
■多角形の外角の和
→$360°$

正多角形の内角
や外角の大きさ
は，すべて等し
くなるね。

3 (3)　三角形の内角
の和が $180°$ である
ことをもとにして，
五角形の内角の和を
導く。

4章 図形の性質の調べ方
1 いろいろな角と多角形

⏱20分

/9問中

1 対頂角　右の図について，次の問いに答えなさい。

(1) ∠a の対頂角はどれですか。

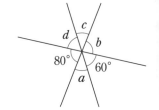

(2) ∠a，∠b，∠c，∠d の大きさを求めなさい。

2 同位角・錯角　右の図について，ℓ∥m のとき，次の問いに答えなさい。

(1) ∠a の同位角，錯角はどれですか。

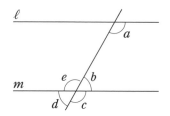

(2) ∠a＝120° のとき，∠b，∠c，∠d，∠e の大きさを求めなさい。

3 平行線と角　右の図について，次の問いに答えなさい。

(1) 平行であるものを記号∥を使って示しなさい。

(2) ∠x，∠y，∠z，∠v のうち，等しい角の組をいいなさい。

4 🔍よく出る　平行線と角　次の図で，ℓ∥m のとき，∠x の大きさを求めなさい。

(1)

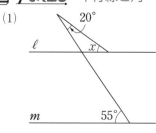

(2)

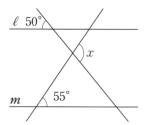

(3)

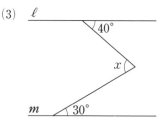

2 (2)　ℓ∥m より，同位角は等しいから ∠a＝∠c となる。

3 (1)　同位角か錯角が等しければ，2直線は平行となる。

34

テストに出る！

予想問題 ②

4章 図形の性質の調べ方
1 いろいろな角と多角形

⏱ 20分

／8問中

1 多角形の外角の和の説明　右の六角形について，次の問いに
答えなさい。

(1)　6つの頂点の内角と外角の和をすべて加えると何度ですか。

(2)　(1)から六角形の内角の和をひいて，六角形の外角の和を求
めなさい。ただし，n 角形の内角の和が，$180° \times (n-2)$ であ
ることを使ってもよいです。

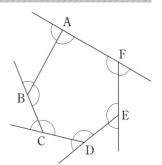

2 多角形の内角と外角　次の問いに答えなさい。

(1)　内角の和が $1440°$ の多角形は何角形ですか。

(2)　1つの外角の大きさが $45°$ になるのは正何角形ですか。

3 🔍よく出る　多角形の内角と外角　次の図で，∠x の大きさを求めなさい。

(1) 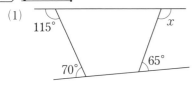　　(2) 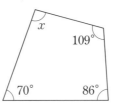　　(3)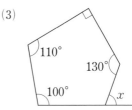

4 多角形の内角と外角　右の図で，∠a＋∠b＋∠c＋∠d＋∠e を
求めなさい。

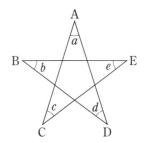

1 (2)　六角形の内角の和が，$180° \times (6-2)$ であることをもとにして，六角形の外角の和を導く。

2 (1)　$180° \times (n-2) = 1440°$ として n を求める。

2 図形の合同

テストに出る！ 教科書の ココ が 要点

さらっとまとめ （赤シートを使って，□に入るものを考えよう。）

1 合同な図形 教 p.125〜p.126

・△ABC と △DEF が合同であることを，△ABC ≡ △DEF と表す。

・合同な図形には，次のような性質がある。

① 対応する 線分 の長さはそれぞれ等しい。

② 対応する 角 の大きさはそれぞれ等しい。

2 三角形の合同条件 教 p.127〜p.129

① 3組の辺 がそれぞれ等しい。

② 2組の辺とその間の角 がそれぞれ等しい。

③ 1組の辺とその両端の角 がそれぞれ等しい。

3 図形の性質の確かめ方 教 p.130〜p.139

・「○○○ ならば，□□□」ということがらでは，
○○○の部分を 仮定 ，□□□の部分を 結論 という。

・仮定と結論が入れかわっている 2 つのことがらがあるとき，一方を他方の 逆 という。

・あることがらが正しくないことを示すには，反例 を 1 つあげればよい。

> 三角形の合同条件は，正しく覚えよう。

スピード確認 （□に入るものを答えよう。答えは，下にあります。）

1

□ 右の図で，△ABC と △A′B′C′ が合同であるとき，△ABC ① △A′B′C′ と表され，対応する線分は AB＝A′B′，BC＝ ② ，CA＝ ③ 対応する角は，∠A＝∠A′，∠B＝∠ ④ ，∠C＝∠ ⑤

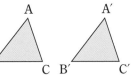

① _____
② _____
③ _____
④ _____

2

□ 右の図で △ABC≡△ ⑥ である。合同条件は ⑦ がそれぞれ等しい。

⑤ _____
⑥ _____
⑦ _____

□ 右の図で △GHI≡△ ⑧ である。合同条件は ⑨ がそれぞれ等しい。

⑧ _____
⑨ _____

答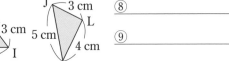
①≡ ②B′C′ ③C′A′ ④B′ ⑤C′ ⑥EFD
⑦2組の辺とその間の角 ⑧LKJ ⑨3組の辺

基礎力UP テスト対策問題

テスト対策 ナビ

1 合同な図形　右の図で2つの四角形が合同であるとき，次の問いに答えなさい。

(1)　2つの四角形が合同であることを，記号≡を使って表しなさい。

(2)　辺CD，辺EHの長さをそれぞれ求めなさい。

(3)　∠C，∠Gの大きさをそれぞれ求めなさい。

(4)　対角線AC，対角線FHに対応する対角線をそれぞれ求めなさい。

ミス注意！

合同な図形を記号≡を使って表すときは，対応する点が同じ順序になるように書く。

1 (4) 合同な図形では，対応する対角線の長さも等しくなる。

対角線だけではなく，高さも等しくなるよ。

2 三角形の合同条件　右の△ABCと△DEFにおいて，AB＝DE，BC＝EF です。このほかにどんな条件をつけ加えれば，△ABC≡△DEFになりますか。つけ加える条件を1ついいなさい。また，そのときの合同条件をいいなさい。

2 合同条件にあてはめて考える。

3 仮定と結論　次のことがらの仮定と結論をいいなさい。

(1)　△ABC≡△DEF ならば，∠A＝∠D である。

(2)　xが4の倍数 ならば，xは偶数である。

(3)　正三角形の3つの辺の長さは等しい。

絶対に覚える！

○○○ならば□□□
仮定　　　結論

テストに出る!

予想問題 ①

4章 図形の性質の調べ方
2 図形の合同

⏱ 20分

／4問中

1 🔍よく出る　三角形の合同条件　下の図で、合同な三角形の組をすべて見つけ、記号 ≡ を使って表しなさい。また、そのときの合同条件をいいなさい。

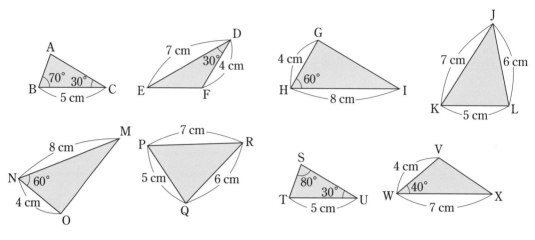

2 三角形の合同条件　次のそれぞれの図形で、合同な三角形はどれとどれですか。記号≡を使って表しなさい。

また、そのときの合同条件をいいなさい。ただし、それぞれの図で、同じ印をつけた辺や角は等しいとします。

(1)　　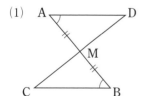

(2)　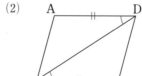

(3)　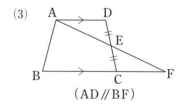
（AD∥BF）

1 合同な図形の頂点は、対応する順に書く。
2 対頂角が等しいことや、共通な辺に注目する。

テストに出る！
予想問題 ❷

4章 図形の性質の調べ方
2 図形の合同

⏱20分

／6問中

1 証明のすすめ方　下の図で，AB＝CD，AB∥CD ならば，AD＝CB となることの証明を，次のような手順ですすめます。

△ABD と △CDB において，

$$\begin{cases} AB=\boxed{①} & \cdots\cdots 仮定 \\ BD=\boxed{②} & \cdots\cdots 共通な辺 \\ \angle ABD=\boxed{③} & \cdots\cdots(ア) \end{cases}$$

これより，△ABD≡$\boxed{④}$　……(イ)

したがって，　AD＝$\boxed{⑤}$　……(ウ)

(1) このことがらの仮定と結論をいいなさい。

(2) ①〜⑤にあてはまるものを入れなさい。

(3) (ア)〜(ウ)の根拠となっていることがらをいいなさい。

2 🔍よく出る　証明　右の図で，AB＝AC，AE＝AD ならば，∠ABE＝∠ACD となることを証明しなさい。

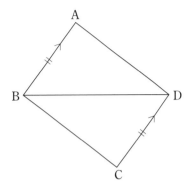

3 逆　次のことがらの逆をいいなさい。また，それが正しいかどうかも調べ，正しくない場合は反例を1つあげなさい。

(1) $a=4$，$b=3$ ならば，$a+b=7$ である。

(2) 2直線に1つの直線が交わるとき，2直線が平行 ならば，同位角は等しい。

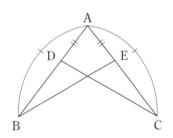

1 AD と CB を辺にもつ △ABD と △CDB の合同を示し，結論を導く。
2 共通な角があることに注意する。

テストに出る！
章末予想問題　4章 図形の性質の調べ方

⏱ 30分

/100点

1 右の図について，次の問いに答えなさい。　　　5点×4〔20点〕

(1)　∠e の同位角をいいなさい。

(2)　∠j の錯角をいいなさい。

(3)　直線①と②が平行であるとき，∠c＋∠h は何度ですか。

(4)　∠c＝∠i のとき，∠g と大きさが等しい角をすべて答えなさい。

2 下の図で，∠x の大きさを求めなさい。　　　6点×6〔36点〕

(1)

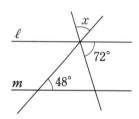

(2)

(3)

(4)　ℓ // m

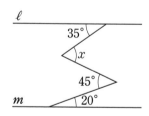

(5)　ℓ // m

(6)

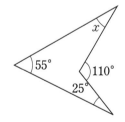

3 次の問いに答えなさい。　　　5点×2〔10点〕

(1)　正九角形の1つの外角の大きさを求めなさい。

(2)　内角の和が 1800° の多角形は何角形ですか。

4 右の図で,AC＝AE,∠ACB＝∠AED ならば,
BC＝DE となることを,次のように証明しました。□
をうめ,(ア),(イ)の根拠になっていることがらをいいなさい。

5点×5〔25点〕

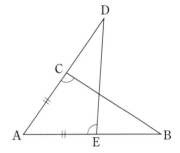

〔証明〕 △ABC と [(1)　　] において,

仮定から,　　　　AC＝[(2)　　]　　①

　　　　　　　∠ACB＝∠AED　　②

共通な角だから,　∠A＝∠A　　　③

①,②,③より,(　(ア)　)から,

　　　　　　△ABC≡[(1)　　]

(　(イ)　)から,BC＝[(3)　　]

5 差がつく 右の図で,AC＝DB,∠ACB＝∠DBC ならば,
AB＝DC となることを証明しなさい。　〔9点〕

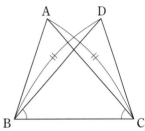

1	(1)	(2)	(3)	(4)

2	(1)		(2)		(3)	
	(4)		(5)		(6)	

3	(1)	(2)	

	(1)	(2)	(3)
4	(ア)		
	(イ)		

5	

5章 三角形・四角形

1 三角形

テストに出る！ 教科書の ココ が 要点

さらっとまとめ（赤シートを使って，□に入るものを考えよう。）

1 二等辺三角形 教 p.148〜p.154

・用語の意味をはっきり述べたものを，その用語の 定義 という。

・二等辺三角形の定義… 2つの辺 が等しい三角形。

・二等辺三角形で，長さの等しい2つの辺がつくる角を 頂角 ，頂角に対する辺を 底辺 ，底辺の両端の角を 底角 という。

・証明されたことがらのうち，証明の根拠として，特によく利用されるものを 定理 という。

・二等辺三角形の性質（定理）

1 2つの底角 は等しい。

2 頂角の二等分線は，底辺を 垂直に2等分 する。

・ 2つの角 が等しい三角形は， 二等辺三角形 である。

・正三角形の定義… 3つの辺 が等しい三角形。

・正三角形の性質（定理）… 3つの角 は等しい。

2 直角三角形の合同 教 p.155〜p.157

・直角三角形の合同条件

1 斜辺と 1つの鋭角 がそれぞれ等しい。

2 斜辺と 他の1辺 がそれぞれ等しい。

スピード確認（□に入るものを答えよう。答えは，下にあります。）

□ 右の図は，AB＝AC の二等辺三角形 ABC で，AD は頂角の二等分線である。

(1) 二等辺三角形の ① は等しいから，

∠C＝ ② °

(2) 頂角の二等分線は，底辺に垂直だから，

∠ADB＝ ③ °

∠BAD＝180°−（90°＋ ④ °）＝ ⑤ °

(3) 頂角の二等分線は，底辺を垂直に2等分するから，

$BD = \frac{1}{2}BC = ⑥$ cm

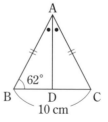

① _____

② _____

③ _____

④ _____

⑤ _____

⑥ _____

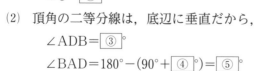

答 ①底角 ②62 ③90 ④62 ⑤28 ⑥5

基礎力UP テスト対策問題

1 **二等辺三角形** 下のそれぞれの図で，同じ印をつけた辺や角は等しいとして，∠x の大きさを求めなさい。

(1)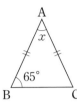

(2)

(3)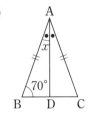

絶対に覚える！

■二等辺三角形の底角は等しい。
■二等辺三角形の頂角の二等分線は，底辺を垂直に2等分する。

2 **二等辺三角形** 右の図の △ABC で AB＝AC，BD＝CE のとき，AD＝AE となることを，次のように証明しました。□をうめなさい。

〔証明〕 △ABD と △[ア]□ において，

仮定から， AB＝[イ]□ ①

BD＝[ウ]□ ②

二等辺三角形 ABC の底角は等しいから，

∠ABD＝∠[エ]□ ③

①，②，③より，[オ]□ がそれぞれ等しいから，

△ABD≡△[カ]□

したがって， AD＝AE

2 △ABC は二等辺三角形なので，底角が等しい。

AD と AE をそれぞれ辺にもつ2つの三角形の合同を証明するんだね。

3 **直角三角形の合同** 下の図で，合同な直角三角形の組をすべて見つけ，記号≡を使って表しなさい。また，そのときの合同条件をいいなさい。

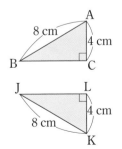
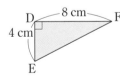

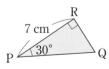

3 合同な直角三角形を見つけるときは，「斜辺と1つの鋭角」「斜辺と他の1辺」が等しいか調べる。

テストに出る！
予想問題 ①

5章 三角形・四角形
1 三角形

⏱20分

／6問中

1 二等辺三角形の性質　右の図の △ABC で，AD＝BD＝CD のとき，次の角の大きさを求めなさい。

(1)　∠ADB　　　　　　(2)　∠ABC

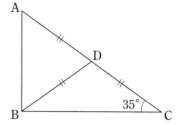

2 二等辺三角形の頂角の二等分線　右の図の △ABC で，AB＝BC，∠B の二等分線と辺 AC との交点をD とします。

(1)　∠x と ∠y の大きさをそれぞれ求めなさい。

(2)　AD の長さを求めなさい。

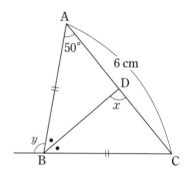

3 二等辺三角形になるための条件　右の図の二等辺三角形 ABC で，2つの底角の二等分線の交点をPとするとき，△PBC は二等辺三角形になることを証明しなさい。

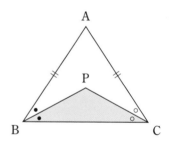

4 🔍よく出る　二等辺三角形になるための条件　右の図のように，長方形 ABCD を対角線 BD で折り返したとき，重なった部分の △FBD は二等辺三角形になることを証明しなさい。

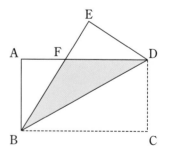

成績 U・P ナビ

3 2つの角が等しければ，その三角形は二等辺三角形である。
4 長方形 ABCD は，AD∥BC であることを利用して，2つの角が等しいことを導く。

テストに出る！

予想問題 ❷

5章 三角形・四角形
1 三角形

⏱20分

／4問中

1 正三角形の性質　右の図で，△ABC と △CDE は正三角形
です。このとき，AD＝BE であることを証明しなさい。

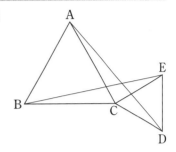

2 直角三角形の合同　右の図で，**△ABC** は **AB＝AC** の二等
辺三角形です。頂点 **B，C** から辺 **AC，AB** にそれぞれ垂線
BD，CE を引きます。

(1) AD＝AE を証明するには，どの三角形とどの三角形が合
同であることを示せばよいですか。

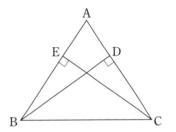

(2) EC＝DB を証明するには，どの三角形とどの三角形が合同であることを示せばよいで
すか。また，そのときに使う直角三角形の合同条件をいいなさい。

3 🔍よく出る　直角三角形の合同　右の図のように，∠AOB の二
等分線上の点Pがあります。点Pから直線 OA，OB へ垂線を引
き，OA，OB との交点をそれぞれ C，D とします。このとき，
OC＝OD であることを証明しなさい。

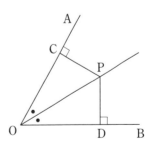

1 AD＝BE を証明するには，それぞれを辺にもつ三角形の合同を示せばよい。

5章 三角形・四角形

2 四角形

テストに出る！ 教科書の ココ が 要点

さらっとまとめ（赤シートを使って，□に入るものを考えよう。）

1 平行四辺形の性質 教 p.159〜p.162

・平行四辺形の定義… 2組の対辺 がそれぞれ 平行 な四角形。

・平行四辺形の性質（定理）… ① 2組の 対辺 はそれぞれ等しい。

② 2組の 対角 はそれぞれ等しい。

③ 2つの 対角線 はそれぞれの 中点 で交わる。

2 平行四辺形になるための条件 教 p.163〜p.166

・平行四辺形の定義と性質①〜③のどれか，または「1組の対辺が 平行 で 等しい 」
が成り立てばよい。

3 特別な平行四辺形 教 p.167〜p.169

・長方形の定義… 4つの角 が 等しい 四角形。

・ひし形の定義… 4つの辺 が 等しい 四角形。

・正方形の定義… 4つの角 が 等しく ， 4つの辺 が 等しい 四角形。

・長方形の対角線…長さが 等しい 。

・ひし形の対角線… 垂直 に交わる。

・正方形の対角線… 垂直 に交わり，長さが 等しい 。

スピード確認（□に入るものを答えよう。答えは，下にあります。）

□ 右の▱ABCDについて答えなさい。

(1) 平行四辺形の対辺は等しいから，

BC＝AD＝ ① cm

(2) 平行四辺形の対角は等しいから，

∠BCD＝∠BAD＝ ② °

(3) 平行四辺形の2つの対角線は，それぞれの ③ で交わるか

ら，BO＝DO＝$\frac{1}{2}$BD＝ ④ cm

① _____

② _____

③ _____

④ _____

⑤ _____

□ 次の⑦〜⑨のうち，四角形ABCDが必ず平行四辺形になる場

合は ⑤ である。ただし，四角形ABCDの対角線の交点をO

とする。

⑦ AB∥DC，AB＝DC　　　⑦ AB∥DC，AD＝BC

⑨ AO＝CO，BO＝DO

基礎力UP テスト対策問題

1 平行四辺形の性質　次の(1), (2)の □ABCD で，x, y の値をそれぞれ求めなさい。また，そのときに使った平行四辺形の性質をいいなさい。

(1)
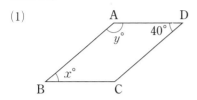

(2)
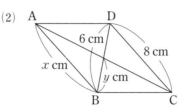

ポイント

四角形の向かい合う辺を対辺，向かい合う角を対角という。

1 (1) 四角形の内角の和と平行四辺形の性質から，
$2x° + 2y° = 360°$ となることを利用する。

2 平行四辺形になるための条件　右の図の □ABCD の対角線の交点を O とし，対角線 BD 上に，BE＝DF となるように 2 点 E，F をとれば，四角形 AECF は平行四辺形になることを，次のように証明しました。□ をうめなさい。

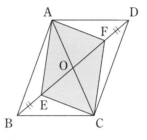

[証明]　平行四辺形の対角線は，それぞれの 〔ア〕 □ で交わるから，

$$OA = 〔イ〕 □ \qquad ①$$

$$OB = 〔ウ〕 □ \qquad ②$$

仮定から，　BE＝DF　　③

②，③より，　OE＝〔エ〕 □ 　④

①，④より，　〔オ〕 □ がそれぞれの 〔カ〕 □ で交わるから，四角形 AECF は平行四辺形である。

絶対に覚える！

平行四辺形になるための条件
1. 2組の対辺がそれぞれ平行。
2. 2組の対辺がそれぞれ等しい。
3. 2組の対角がそれぞれ等しい。
4. 2つの対角線がそれぞれの中点で交わる。
5. 1組の対辺が平行で等しい。

3 特別な平行四辺形　次の表の四角形で，対角線が左側にあげた性質をつねにもつものには○，そうでないものには×を書き入れなさい。

	平行四辺形	長方形	ひし形	正方形
それぞれの中点で交わる	○			
垂直に交わる	×			
長さが等しい	×			

正方形は，長方形とひし形の性質を両方もっているね。

47

テストに出る！

予想問題 ①

5章 三角形・四角形
2 四角形

⏱ 20分

／5問中

1 平行四辺形の性質と条件　右の図で，△ABC は AB＝AC
の二等辺三角形です。また，点 D，E，F はそれぞれ辺 AB，
BC，CA 上の点で，AC∥DE，AB∥FE です。

(1) ∠DEF＝52° のとき，∠C の大きさを求めなさい。

(2) DE＝3 cm，EF＝5 cm のとき，辺 AB の長さを求めなさい。

2 🔍よく出る　平行四辺形の性質　右の図の ▱ABCD で，
BE＝DF のとき，AE＝CF となることを，次のように証明
しました。□ をうめなさい。

〔証明〕　△ABE と $\boxed{⑦}$ において，

　　仮定から，BE＝$\boxed{⑦}$　　①

　　平行四辺形の対辺はそれぞれ等しいから，

　　　　AB＝$\boxed{⑦}$　　②

　　平行四辺形の対角はそれぞれ等しいから，

　　　　∠B＝$\boxed{⑦}$　　③

　　①，②，③より，$\boxed{⑦}$ がそれぞれ等しいから，

　　　　△ABE≡$\boxed{⑦}$

　　したがって，

　　　　AE＝CF

3 平行四辺形になるための条件　次の(ア)，(イ)の場合，四角形 ABCD は，平行四辺形であると
いえますか。ただし，四角形 ABCD の対角線の交点をOとします。

(ア) ∠A＝68°，∠B＝112°，AD＝3 cm，BC＝3 cm

(イ) OA＝OD＝2 cm，OB＝OC＝3 cm

 　1 AF∥DE，AD∥FE だから，四角形 ADEF は平行四辺形になる。
　　　3 図をかいて，平行四辺形になるための条件にあてはまるか考える。

テストに出る！
予想問題 ❷

5章 三角形・四角形
2 四角形

⏱ 20分

／4問中

1 特別な平行四辺形　正方形 ABCD で，2つの対角線 AC と DB の長さが等しく，垂直に交わることを，次のように証明しました。□ をうめなさい。

〔証明〕　△ABC と △DCB において，

仮定から，　　　∠ABC＝[⑦]　　①

正方形の4つの辺は等しいから，

AB＝[⑦]　　②

また，　　　　　BC は共通　　③

①，②，③より，2組の辺とその間の角がそれぞれ等しいから，

△ABC≡[⑦]

△ABC は ∠ABC＝90°，AB＝BC の直角二等辺三角形だから，

∠ACB＝[⑦]°

同様にして，∠DBC＝45°

△OBC の内角の和は 180° なので，∠BOC＝[⑦]°

したがって，AC＝DB，AC⊥DB

2 特別な平行四辺形　下の図は，平行四辺形が長方形，ひし形，正方形になるためには，どんな条件を加えればよいかまとめたものです。□ にあてはまる条件を，⑦〜⑰の中からすべて選びなさい。

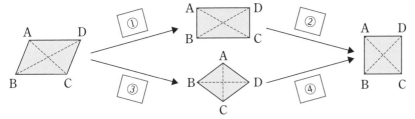

⑦　AD∥BC
⑦　AB＝BC
⑦　AC⊥BD
⑦　∠A＝90°
⑦　AB∥DC
⑦　AC＝BD

3 特別な平行四辺形　▱ABCD について，次の条件が加わると，それぞれどんな四角形になりますか。ただし，▱ABCD の対角線の交点を O とします。

(1)　∠A＝∠B

(2)　∠AOD＝90°

　2 長方形，ひし形，正方形の定義と，それぞれの対角線の性質から考える。

テストに出る！

章末予想問題 | 5章 三角形・四角形

⏱ 30分

/100点

1 次の図で，同じ印をつけた辺や角は等しいとして，∠x，∠y の大きさを求めなさい。

6点×3〔18点〕

(1) (2) (3)

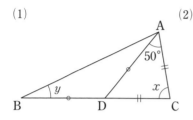
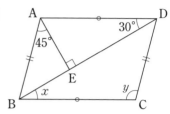

2 右の図で，△ABC は AB＝AC の二等辺三角形です。BE＝CD のとき，△FBC は二等辺三角形になります。このことを，△EBC と △DCB の合同を示すことによって証明しなさい。

〔20点〕

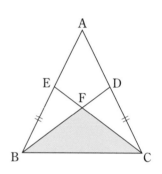

3 右の図で，△ABC は ∠A＝90° の直角二等辺三角形です。∠B の二等分線が辺 AC と交わる点をDとし，D から辺 BC に垂線 DE を引きます。 6点×2〔12点〕

(1) △ABD と合同な三角形を記号≡を使って表しなさい。また，そのときに使った合同条件をいいなさい。

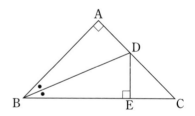

(2) 線分 DE と長さの等しい線分を2ついいなさい。

4 右の図で，▱ABCD の ∠BAD，∠BCD の二等分線と辺 BC，AD との交点を，それぞれ P，Q とします。このとき，四角形 APCQ が平行四辺形になることを証明しなさい。

〔20点〕

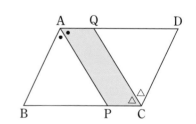

⑤ 右の図で，□ABCD の辺 BC の中点を E とします。△AEC
の面積が 20 cm² のとき，□ABCD の面積を求めなさい。

〔15 点〕

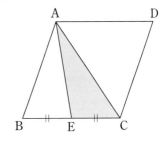

⑥ 右の図の長方形 ABCD で，P，Q，R，S はそれぞれ辺 AB，
BC，CD，DA の中点です。四角形 PQRS は，どんな四角形に
なりますか。 〔15 点〕

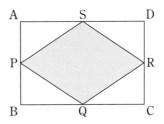

①	(1) ∠x =　　　　　　，∠y =	(2) ∠x =　　　　　　，∠y =
	(3) ∠x =　　　　　　，∠y =	

②	

③	(1)	
	(2)	

④	

⑤	

⑥	

①	/18点	②	/20点	③	/12点	④	/20点	⑤	/15点	⑥	/15点

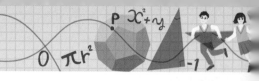

6章 確率

1 確率

テストに出る! **教科書の ココ が 要点**

📖 **さらっとまとめ** (赤シートを使って，□に入るものを考えよう。)

1 確率の求め方 📕 p.180〜p.184

・どのことがらが起こることも，同じ程度に期待されることを，| 同様に確からしい |という。

・起こり得る場合が全部で n 通りあり，そのうち，ことがら A の起こる場合が a 通りある

　とき，A の起こる確率 p は，$p = \dfrac{a}{n}$ となる。

・確率 p の範囲は，| $0 \leqq p \leqq 1$ |

・$p = $| 0 |のとき，そのことがらは決して起こらない。

・$p = $| 1 |のとき，そのことがらは必ず起こる。

・あることがら A の起こる確率が p であるとき，A の起こらない確率は，| $1-p$ |である。

☑ **スピード確認** (□に入るものを答えよう。答えは，下にあります。)

☐ さいころを投げ，5 の目が出た相対度数を調べると 0.17 に近づくようになった。このさいころを投げるとき，5 の目が出る確率は | ① | と考えられる。

☐ 正しくつくられたさいころを投げるとき，起こり得るすべての場合は，| ② | 通りあり，1 から 6 までのどの目が出ることも | ③ |。そのうち，偶数の目は，| ④ | 通りあるから，

　　(偶数の目が出る確率)$= \dfrac{⑤}{6} = \dfrac{1}{⑥}$

☐ (A の起こる確率)$= \dfrac{(\boxed{⑦}\ \text{場合の数})}{(\text{起こり得るすべての場合の数})}$

☐ 確率 p の範囲は，| ⑧ |$\leqq p \leqq$| ⑨ | である。

☐ さいころを投げて，7 の目の出る確率は，| ⑩ | である。
　★決して起こらないことがらの確率は 0 である。

☐ さいころを投げて，6 以下の目が出る確率は | ⑪ | である。
　★必ず起こることがらの確率は 1 である。

① _____
② _____
③ _____
④ _____
⑤ _____
⑥ _____
⑦ _____
⑧ _____
⑨ _____
⑩ _____
⑪ _____

答 ▶ ①0.17 ②6 ③同様に確からしい ④3 ⑤3 ⑥2 ⑦A の起こる ⑧0 ⑨1 ⑩0 ⑪1

基礎力UP テスト対策問題

1 同様に確からしいこと　ジョーカーを除く 52 枚のトランプから 1 枚引くとき，㋐，㋑のことがらの起こりやすさは同じであるといえますか。

㋐　赤いマーク（ハートまたはダイヤ）のカードを引く

㋑　黒いマーク（クラブまたはスペード）のカードを引く

2 確率の求め方　正しくつくられた 1 つのさいころを投げるとき，次の問いに答えなさい。

(1)　起こり得る場合は，全部で何通りありますか。

(2)　(1)のどれが起こることも，同様に確からしいといえますか。

(3)　出る目の数が奇数である場合は，何通りありますか。

(4)　出る目の数が奇数である確率を求めなさい。

(5)　出る目の数が 3 の倍数である確率を求めなさい。

(6)　出る目の数が 6 の約数である確率を求めなさい。

3 確率の求め方　1〜10 までの整数を 1 つずつ記入した 10 枚のカードがあります。このカードをよくきって 1 枚引くとき，次の確率を求めなさい。

(1)　1 桁（けた）の数のカードを引く確率

(2)　11 以上の数のカードを引く確率

絶対に覚える！

$$（\text{Aの起こる確率}）= \frac{（\text{Aの起こる場合の数}）}{（\text{すべての場合の数}）}$$

2 (5)　3 の倍数となるのは，3，6。

(6)　6 の約数となるのは，1，2，3，6。

> ある整数をわりきることができる整数が約数だよ。

ポイント

必ず起こることがらの確率は 1
決して起こらないことがらの確率は 0

53

テストに出る！
予想問題 ❶

6章 確率
1 確率

⏱20分

／9問中

1 同様に確からしいこと　次の文章は，さいころの目の出方について説明したものです。⑦〜㊉のうち，正しいものをすべて選びなさい。

⑦　さいころを6回投げると，3の目は必ず1回出る。

⑦　さいころを6000回投げると，3の目はそのうち1000回程度出ると期待できる。

⑦　さいころを1回投げるとき，3の目が出る確率と4の目が出る確率は等しい。

㊉　さいころを1回投げて3の目が出たから，次にこのさいころを投げるときは，4の目が出る確率は $\frac{1}{6}$ より大きくなる。

2 確率の求め方　1，2，3，…，20の数を1つずつ記入した20枚のカードがあります。このカードをよくきって1枚引きます。

(1)　起こり得る場合は全部で何通りありますか。また，どの場合が起こることも同様に確からしいといえますか。

(2)　引いた1枚のカードに書かれた数が偶数である確率を求めなさい。

(3)　引いた1枚のカードに書かれた数が4の倍数である確率を求めなさい。

(4)　引いた1枚のカードに書かれた数が20の約数である確率を求めなさい。

3 🔍よく出る　確率の求め方　ジョーカーを除く52枚のトランプから1枚引くとき，次の確率を求めなさい。

(1)　引いた1枚のカードが，◆（ダイヤ）である確率

(2)　引いた1枚のカードが，エースである確率

(3)　引いた1枚のカードが，絵札である確率

(4)　引いた1枚のカードが，18である確率

2 (2)　偶数である場合は，2，4，6，…，20の10通り。
(4)　20の約数である場合は，1，2，4，5，10，20の6通り。

テストに出る！

予想問題 ❷

6章 確率
1 確率

⏱20分

/11問中

1 確率の求め方　1から7までの番号が1つずつ書かれた同じ大きさの玉が，箱の中に入っています。この箱の中から玉を1個取り出すとき，次の確率を求めなさい。

(1) 取り出した玉の番号が奇数である確率

(2) 取り出した玉の番号が偶数である確率

2 確率の求め方　赤玉4個，白玉5個，青玉3個が入った袋があります。この袋の中から玉を1個取り出すとき，次の確率を求めなさい。

(1) 白玉が出る確率

(2) 赤玉または白玉が出る確率

(3) 赤玉または白玉または青玉が出る確率

3 起こらない確率　1つのさいころを投げるとき，次の確率を求めなさい。

(1) 1の目が出る確率

(2) 1の目が出ない確率

(3) 偶数の目が出る確率

(4) 偶数の目が出ない確率

(5) 4以下の目が出る確率

(6) 4以下の目が出ない確率

成績UPナビ

2 (2) 赤玉と白玉が合わせて何個あるか考える。
　　(3) 必ず起こることがらの確率となる。

1 確率

テストに出る！ 教科書の **ココ**が**要点**

さらっとまとめ（赤シートを使って，□に入るものを考えよう。）

1 いろいろな確率 数 p.185〜p.190

・起こり得るすべての場合を調べるとき， 樹形図 がよく利用される。

　例 2枚の硬貨を同時に投げるとき，表，裏の出方は，右の樹形図
　　　より，4通りある。

・順番が関係ないことがらでは， 同じもの を消して考える。

　例 A，B，Cの3人の中から，2人の当番を選ぶときの樹形図を考えると下の①のように
　　　なる。このとき，たとえばAとB，BとAの当番の構成は同じであるので，同じも
　　　のを消して樹形図を整理すると，下の②のように 3 通りになる。

スピード確認（□に入るものを答えよう。答えは，下にあります。）

1

□ 大小2つのさいころを投げるとき，出る
目の数の和が7になる確率を考える。

　右の表より，出る目の数の和が7にな
る場合は ① 通りあるので，確率は，

$$\frac{②}{36}=\frac{③}{6}$$

小\大	1	2	3	4	5	6
1	2	3	4	5	6	⑦
2	3	4	5	6	⑦	8
3	4	5	6	⑦	8	9
4	5	6	⑦	8	9	10
5	6	⑦	8	9	10	⑪
6	⑦	8	9	10	⑪	⑫

□ 大小2つのさいころを投げるとき，出る目の数の和が11以上
になる場合は，上の表より ④ 通りあるので，確率は，

$$\frac{⑤}{36}=\frac{1}{⑥}$$

□ A，B，C，Dの4人の生徒の中から，2人の委員を選ぶとき，
BとDが選ばれる確率を考える。

　上の樹形図より，BとDが選ばれるのは ⑦ 通りあるので，

確率は，$\dfrac{⑧}{6}$

① _____

② _____

③ _____

④ _____

⑤ _____

⑥ _____

⑦ _____

⑧ _____

答▶ ①6 ②6 ③1 ④3 ⑤3 ⑥12 ⑦1 ⑧1

基礎力UP テスト対策問題

1 いろいろな確率　100円硬貨と10円硬貨が1枚ずつあり，この2枚の硬貨を同時に投げるとき，次の確率を求めなさい。

(1)　2枚とも表が出る確率

(2)　1枚が表で，1枚は裏が出る確率

2 いろいろな確率　2つのさいころを投げるとき，出る目の数の和について，次の問いに答えなさい。

(1)　右の表は，2つのさいころを，A，Bで表し，出る目の数の和を調べたものです。空らんをうめなさい。

A\B	1	2	3	4	5	6
1	2	3				
2	3					
3						
4						
5						
6						

(2)　出る目の数の和が8になる確率を求めなさい。

(3)　出る目の数の和が4の倍数になる確率を求めなさい。

3 いろいろな確率　赤玉3個と白玉2個が入った袋があります。この袋の中から，同時に2個の玉を取り出します。

(1)　赤玉3個を①，②，③，白玉2個を4，5として区別し，取り出し方が全部で何通りあるかを，樹形図をかいて求めなさい。

(2)　2個とも赤玉である確率を求めなさい。

(3)　赤玉と白玉が1個ずつである確率を求めなさい。

テストに出る！

予想問題 ①

6章 確率
1 確率

⏱20分

／8問中

1 樹形図と確率　3枚の硬貨 A，B，C を同時に投げるとき，1枚が表で，2枚が裏になる確率を，樹形図をかいて求めなさい。

2 樹形図と確率　A，B，C の3人がじゃんけんを1回します。
(1) グー，チョキ，パーを，それぞれ㋐，㋑，㋩と表して，3人の手の出し方の樹形図をかきなさい。

(2) A 1人が勝つ確率を求めなさい。

(3) あいこになる確率を求めなさい。

3 よく出る　いろいろな確率　2つのさいころを投げるとき，出る目の数の積について，次の問いに答えなさい。
(1) 右の表は，2つのさいころを A，B で表し，出る目の数の積を調べたものです。空らんをうめて，表を完成させなさい。

A\B	1	2	3	4	5	6
1	1	2	3			
2	2	4				
3	3					
4						
5						
6						

(2) 次の確率を求めなさい。
① 出る目の数の積が 12 になる確率　　② 出る目の数の積が 24 以上になる確率

③ 出る目の数の積が 9 の倍数になる確率

2 3人でじゃんけんをするとき，手の出し方は全部で 27 通りある。
3 (2) ③ 9 の倍数は，9，18，36 である。

テストに出る！
予想問題 ❷

6章 確率
1 確率

🕐 20分

／7問中

1 🔍**よく出る**　確率による説明　5本のうち2本の当たりくじが入っているくじがあります。
A，Bの2人が，この順に1本ずつくじを引きます。

(1)　当たりくじに①，②，はずれくじに③，④，⑤の番号をつけ，A，Bのくじの引き方が何
通りあるか樹形図をかいて調べなさい。

(2)　次の確率を求めなさい。
　　①　先に引いたAが当たる確率。　　　　　②　あとに引いたBが当たる確率。

(3)　くじを先に引くのと，あとに引くのとで，どちらが当たりやすいですか。

2 いろいろな確率　A，B，Cの3人の男子と，D，Eの2人の女子がいます。

(1)　この5人の中からくじで2人の委員を選ぶとき，男子2人が委員に選ばれる確率を求め
なさい。

(2)　この5人の中からくじで班長と副班長を1人ずつ選ぶとき，男子1人，女子1人が選ば
れる確率を求めなさい。

(3)　男子の中から1人，女子の中から1人をそれぞれくじで選んでテニスのペアをつくると
き，AとDが1つのペアになる確率を求めなさい。

成績
UPナビ
　1 (3) (2)で求めた確率を比べる。
　2 AとB，BとAを同じと考えてよいかどうかに注意する。

テストに出る！

章末予想問題

6章 確率

① 30分

/100点

1 次の文章は，さいころの目の出方について説明したものです。㋐〜㋓のうち，正しいものを選びなさい。〔10点〕

㋐ さいころを6回投げるとき，1の目は必ず1回出る。

㋑ さいころを1回投げるとき，偶数の目が出る確率と奇数の目が出る確率は等しい。

㋒ さいころを1回投げるとき，1の目の方が6の目よりも出やすい。

㋓ さいころを1回投げて6の目が出たら，次にこのさいころを投げるときは，6の目が出る確率は $\dfrac{1}{6}$ より小さくなる。

2 A，B，Cの3人の男子と，D，Eの2人の女子がいます。この5人の中からくじで1人の委員を選ぶとき，㋐，㋑のことがらの起こりやすさは同じであるといえますか。〔10点〕

㋐ 男子が委員に選ばれる　　　　　　㋑ 女子が委員に選ばれる

3 右の5枚のカードの中から2枚のカードを続けて引き，先に引いた方を十の位の数，あとから引いた方を一の位の数とする2桁の整数をつくります。　　　10点×3〔30点〕

| 3 | 4 | 5 |
| 6 | 7 | |

(1) 2桁の整数は何通りできますか。

(2) その整数が偶数になる確率を求めなさい。

(3) その整数が5の倍数になる確率を求めなさい。

4 2つのさいころA，Bを投げるとき，さいころAの出た目を a ，さいころBの出た目を b とします。　　　10点×2〔20点〕

(1) $a \times b = 20$ になる確率を求めなさい。

(2) $\dfrac{a}{b}$ が整数になる確率を求めなさい。

5 A，B，Cの3人の女子と，D，Eの2人の男子がいます。女子の中から1人，男子の中から1人をそれぞれくじで選んで，日直を決めます。このとき，BとDがペアになる確率を求めなさい。　〔10点〕

6 差がつく　右の図のように正六角形ABCDEFの頂点Aに碁石を置き，さいころを2回投げて，次の⑦，④の規則にしたがって頂点から頂点へ碁石を動かします。　10点×2〔20点〕

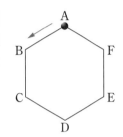

⑦　1回目は，出た目の数だけ矢印の向きに動かす。

④　2回目は，1回目に動いた位置から，出た目の数だけ矢印と反対の向きに動かす。

(1) さいころを2回投げたとき，1回目は3，2回目は4の目が出ました。このとき，碁石はどこにありますか。

(2) さいころを2回投げたとき，碁石がAにいる確率を求めなさい。

1			
2			
3	(1)	(2)	(3)
4	(1)	(2)	
5			
6	(1)	(2)	

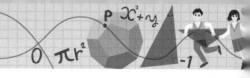

7章 データの分布

1 データの分布

テストに出る！ 教科書の ココ が 要点

さらっとまとめ （赤シートを使って，□に入るものを考えよう。）

1 箱ひげ図 教 p.200～p.201

・あるデータを小さい順に並べたとき，そのデータを4等分したときの3つの区切りの値を 四分位数 という。

・四分位数を小さい方から順に， 第1四分位数 ， 第2四分位数 (中央値)，第3四分位数 という。

例 データが奇数個あるときの四分位数

例 データが偶数個あるときの四分位数

・第3四分位数と第1四分位数の差を， 四分位範囲 という。

・四分位数と最小値，最大値を1つの図に表したものを， 箱ひげ図 という。複数のデータの分布を比較するときに用いることがある。

スピード確認 （□に入るものを答えよう。答えは，下にあります。）

□ 小さい順に並べたデータが9個ある。

(1) 第2四分位数は ① 番目の値である。

(2) 第1四分位数は ② 番目と ③ 番目の値の平均値である。

★データの前半部分の中央値なので，前半部分のデータが偶数個のときは，中央2個のデータの平均値となる。

(3) 第3四分位数は ④ 番目と ⑤ 番目の値の平均値である。

□ (四分位範囲)＝(第 ⑥ 四分位数)−(第 ⑦ 四分位数)

□ 箱ひげ図で，箱にふくまれるのは，そのデータの第 ⑧ 四分位数から第 ⑨ 四分位数までの値である。

□ 箱ひげ図では，ヒストグラムではわかりにくい ⑩ 値を基準とした散らばりのようすがとらえやすい。

① _____
② _____
③ _____
④ _____
⑤ _____
⑥ _____
⑦ _____
⑧ _____
⑨ _____
⑩ _____

答 ①5 ②2 ③3 ④7 ⑤8 ⑥3 ⑦1 ⑧1 ⑨3 ⑩中央

基礎力UP テスト対策問題

1 箱ひげ図　次のデータは，14人の生徒の通学時間を調べ，短いほうから順に整理したものです。このデータについて，次の問いに答えなさい。

（単位：分）

| 6 | 7 | 8 | 10 | 10 | 12 | 13 | 15 | 15 | 15 | 18 | 20 | 23 | 28 |

（1）　四分位数をすべて求めなさい。

（2）　四分位範囲を求めなさい。

（3）　次の図に，箱ひげ図で表しなさい。

0　　　　　10　　　　　20　　　　　30(分)

1 (3)　箱ひげ図は，最小値，3つの四分位数，最大値を，順にかいていく。

2 データの傾向の読み取り方　下の図は，1組と2組のそれぞれ27人が，50点満点のテストを受けたときの得点の分布のようすを箱ひげ図に表したものです。この図から読み取れることとして，⑦〜⑤のそれぞれについて，正しいものには〇，正しくないものには×，この図からはわからないものには△をつけなさい。

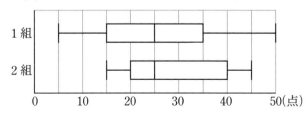

1組

2組

0　10　20　30　40　50(点)

⑦　どちらの組も，データの範囲は等しい。

④　どちらの組も，平均点は等しい。

⑤　どちらの組にも，得点が15点の生徒が必ずいる。

⑤　得点が40点以上の生徒の人数は，2組の方が多い。

中央値と平均値のちがいに気をつけよう。

テストに出る！
章末予想問題 7章 データの分布

⏱ 15分

/100点

1 次のヒストグラムは，⑦〜⑦の箱ひげ図のいずれかに対応しています。その箱ひげ図を記号で答えなさい。

20点×3〔60点〕

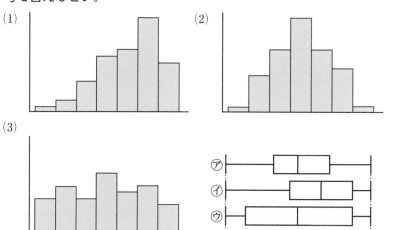

(1) (2) (3)

2 差がつく 下の図は，バスケットボールチームのメンバーであるAさん，Bさん，Cさんの，1試合ごとの得点数の分布のようすを，箱ひげ図に表したものです。このとき，箱ひげ図から読み取れることとして正しくないものをいいなさい。

〔40点〕

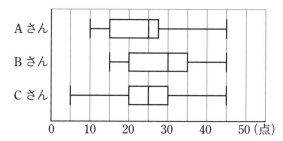

⑦ いずれの人も，1試合で45点をあげたことがある。

⑦ いずれの人も，半分以上の試合で25点以上あげている。

⑦ 四分位範囲がもっとも小さいのは，Bさんである。

⑦ AさんとCさんのデータの中央値は等しい。

1	(1)	(2)	(3)
2			

中間・期末の攻略本

解答と解説

学校図書版　数学2年

1章　式の計算

(1) ① 3　　　　② 4

(2) ① 2　　　　② 3

(1) $3x+10y$　　(2) $8x-7y$

(3) $2x-3y$　　(4) $10x-15y+30$

(5) $10x-2y$　　(6) $3x-2y-5$

(1) $12xy$　　　(2) $-12abc$

(3) $32x^2y^2$　　(4) $9x$

(5) $-2b$　　　(6) $-3ab$

解説

(2) ①多項式の次数は，多項式の各項の次数のうちでもっとも大きいものだから，

　$4x+(-3y^2)+5$ より，次数は 2

　次数1　次数2　定数項

(2) $(7x+2y)+(x-9y)$
$=7x+2y+x-9y=8x-7y$

(3) $(5x-7y)-(3x-4y)$
$=5x-7y-3x+4y=2x-3y$

(5) $4(2x+y)+2(x-3y)$
$=8x+4y+2x-6y=10x-2y$

(6) $(-9x+6y+15)÷(-3)$
$=(-9x+6y+15)×\left(-\dfrac{1}{3}\right)$
$=-9x×\left(-\dfrac{1}{3}\right)+6y×\left(-\dfrac{1}{3}\right)+15×\left(-\dfrac{1}{3}\right)$
$=3x-2y-5$

(3) $-8x^2×(-4y^2)$
$=(-8)×(-4)×x×x×y×y=32x^2y^2$

(6) $(-9ab^2)÷3b=-\dfrac{9ab^2}{3b}=-\dfrac{\overset{3}{\cancel{9}}×a×\overset{1}{\cancel{b}}×b}{\underset{1}{\cancel{3}}×\underset{1}{\cancel{b}}}$

　$=-3ab$

---

1 (1) 単項式…⑦，④　多項式…①，⑦

　(2) ⑦，④

2 (1) $4x^2-2x$　　(2) $7ab$

　(3) $7a-4b$　　(4) $-3a+1$

　(5) $4a-b$　　　(6) $4x-2y+5$

3 (1) $-12a+4b-8$　(2) $2x+y-5$

　(3) $-3x+5y$　　(4) $-8a+6b-2$

解説

2 **ポイント**　$-(\ )$の形のかっこをはずすときは，各項の符号が変わるので注意する。

(4) $(a^2-4a+3)-(a^2+2-a)$
$=a^2-4a+3-a^2-2+a=-3a+1$

(6) ひく式の各項の符号を変えて加えてもよい。

$$\begin{array}{r} 5x-2y-3 \\ -)\ \ x\ \ \ \ \ \ -8 \\ \hline \end{array} \Rightarrow \begin{array}{r} 5x-2y-3 \\ +)-x\ \ \ \ \ +8 \\ \hline 4x-2y+5 \end{array}$$

3 **ミス注意!**　負の数をかけるときは，符号に注意する。

(2) $(-6x-3y+15)×\left(-\dfrac{1}{3}\right)$
$=-6x×\left(-\dfrac{1}{3}\right)-3y×\left(-\dfrac{1}{3}\right)+15×\left(-\dfrac{1}{3}\right)$
$=2x+y-5$

---

1 (1) $8a+2b$　　(2) $2x+16y+2$

　(3) $\dfrac{5a+3b}{6}$　　(4) $\dfrac{4x+11y}{10}$

　(5) $\dfrac{a-b}{6}$　　(6) $\dfrac{x+y}{4}$

2 (1) $6x^2y$　　(2) $-3mn$

　(3) $-5x^3$　　(4) $\dfrac{ab^2}{5}$

　(5) $-27y$　　(6) $-\dfrac{2b}{a}$

3 (1) x^2y　　　　(2) $2a^2b$

(3) $\dfrac{a^4}{3}$　　　　(4) $-\dfrac{1}{x^2}$

解説

1 (3) $\dfrac{2a-b}{3}+\dfrac{a+5b}{6}$

$=\dfrac{4a-2b+a+5b}{6}=\dfrac{5a+3b}{6}$

(6) $x-y-\dfrac{3x-5y}{4}$

$=\dfrac{4x-4y-(3x-5y)}{4}$

$=\dfrac{4x-4y-3x+5y}{4}=\dfrac{x+y}{4}$

2 (3) ✍️ミス注意！ $(-x)^2$ と $-x^2$ の違いに注意！
$5x\times(-x^2)=5\times x\times(-1)\times x\times x$
$\qquad\qquad\qquad=-5x^3$

(5) **ポイント** 除法は，乗法に直して計算する。
わる数の逆数をかければよい。

$\dfrac{1}{3}xy$ の逆数は，$3xy$ ではない。

$\dfrac{1}{3}xy=\dfrac{xy}{3}$ だから，逆数は $\dfrac{3}{xy}$ である。

$(-9xy^2)\div\dfrac{1}{3}xy$

$=(-9xy^2)\times\dfrac{3}{xy}$

$=-\dfrac{9\times x\times y\times y\times 3}{x\times y}=-27y$

3 (2) $ab\div 2b^2\times 4ab^2$

$=\dfrac{ab\times 4ab^2}{2b^2}$

$=\dfrac{a\times b\times 4\times a\times b\times b}{2\times b\times b}=2a^2b$

(4) $(-12x)\div(-2x)^2\div 3x$

$=(-12x)\div 4x^2\div 3x$

$=-\dfrac{12x}{4x^2\times 3x}$

$=-\dfrac{12\times x}{4\times x\times x\times 3\times x}=-\dfrac{1}{x^2}$

1 (1) 11　　　　(2) -12

2 (1) イ，ウ　　(2) カ，キ

3 $11a+11b$

4 (1) $x=2y-3$　　(2) $x=2y+6$

(3) $x=-2y+4$　　(4) $y=\dfrac{7x-11}{6}$

解説

1 ✍️ミス注意！　負の数を代入するときは，（　）
つけて代入する。

(1) $2(a+2b)-(3a+b)$
$=2a+4b-3a-b$
$=-a+3b$
$=-(-2)+3\times 3=11$

(2) $16ab^2\div 8b=2ab$
$=2\times(-2)\times 3=-12$

3 $(10a+b)+(10b+a)$
$=10a+b+10b+a=11a+11b$

4 (3) $5x+10y=20$
$\qquad\qquad 5x=-10y+20$
$\qquad\qquad\quad x=-2y+4$

(4) $7x-6y=11$
$\qquad\quad -6y=-7x+11$
$\qquad\qquad y=\dfrac{7x-11}{6}$

p.8　予想問題 ❶

1 (1) ① 9　　　　② 55
(2) ① -18　　　② 3

2 ① 1　　　② 偶数　　　③ 1

3 m，n を整数とすると，2つの奇数は，
$\quad 2m+1$，$2n+1$
と表される。奇数と奇数の和は，
$\quad (2m+1)+(2n+1)=2m+2n+2$
$\qquad\qquad\qquad\qquad\quad=2(m+n+1)$
$m+n+1$ は整数だから，$2(m+n+1)$ は
偶数である。したがって，奇数と奇数の和
は偶数である。

4 2桁の自然数の十の位の数を a，一の位の
数を b とすると，もとの数は $10a+b$，入
れかえてできる数は $10b+a$ と表される。
この2数の差は，
$\quad (10a+b)-(10b+a)=9a-9b$

$$=9(a-b)$$

$a-b$ は整数だから，$9(a-b)$ は 9 の倍数である。したがって，2 桁の自然数とその十の位の数と一の位の数を入れかえてできる自然数との差は 9 の倍数である。

解説

ポイント　式の値を求めるときは，式を簡単にしてから代入すると，求めやすくなる。

(1) ② $4(2a+3b)-5(2a-b)$
$$=8a+12b-10a+5b=-2a+17b$$
$$=-2\times(-2)+17\times3=55$$

(2) ② $8x^3y^2\div(-2x^2y)=-4xy$
$$=-4\times(-3)\times\frac{1}{4}=3$$

参考　連続する 2 つの奇数の場合は，$2n+1$，$2n+3$ と表される。

p.9　予想問題 ②

1　$AP=a$，$PB=b$ とすると，
AP を直径とする半円の弧の長さは，
$$(a\times\pi)\times\frac{1}{2}=\frac{\pi a}{2}$$
PB を直径とする半円の弧の長さは，
$$(b\times\pi)\times\frac{1}{2}=\frac{\pi b}{2}$$
それらの和は，
$$\frac{\pi a}{2}+\frac{\pi b}{2}=\frac{\pi(a+b)}{2}$$
また，AB を直径とする半円の弧の長さは，
$$\{(a+b)\times\pi\}\times\frac{1}{2}=\frac{\pi(a+b)}{2}$$
したがって，AP，PB をそれぞれ直径とする 2 つの半円の弧の長さの和は，AB を直径とする半円の弧の長さと等しくなる。

2　(1) $y=\dfrac{-5x+4}{3}$　　(2) $a=\dfrac{3b+12}{4}$

(3) $y=\dfrac{3}{2x}$　　(4) $x=-12y+3$

(5) $b=\dfrac{3a-9}{5}$　　(6) $y=\dfrac{c-b}{a}$

3　(1) $b=\dfrac{S}{a}$　　(2) $h=\dfrac{V}{\pi r^2}$

解説

1　$AP=a$，$PB=b$，$AB=a+b$ とおいて，それぞれの半円の弧の長さを求める。

2　(3) $\dfrac{1}{3}xy=\dfrac{1}{2}$ 　両辺に 3 をかける

$xy=\dfrac{3}{2}$ 　両辺を x でわる

$y=\dfrac{3}{2x}$

3　**参考**　(1)は長方形の横の長さを求める式，(2)は円柱の高さを求める式である。

p.10～p.11　章末予想問題

1　(1) ④，④　　　　(2) ⑦，⑦，④

(3) ④，⑤

2　(1) $4x^2-x$　　　　(2) $14a-19b$

(3) $6ab-3a^2$　　　(4) $-6x^2+4y$

(5) $\dfrac{5a-2b}{12}$　　　(6) x^3y^2

(7) $-6b$　　　　(8) $-3xy^3$

3　(1) 3　　(2) -10　　(3) 8

4　m を整数として，連続する 3 つの奇数を，$2m+1$，$2m+3$，$2m+5$ と表すと，
それらの和は，
$$(2m+1)+(2m+3)+(2m+5)$$
$$=6m+9$$
$$=3(2m+3)$$
$2m+3$ は整数だから，$3(2m+3)$ は 3 の倍数である。したがって，連続する 3 つの奇数の和は 3 の倍数である。

5　(1) $y=\dfrac{-3x+7}{2}$　　(2) $a=\dfrac{V}{bc}$

(3) $x=\dfrac{y+3}{4}$　　(4) $b=2a-c$

(5) $h=\dfrac{3V}{\pi r^2}$　　(6) $b=\dfrac{2S}{h}-a$

解説

2　(5) $\dfrac{3a-2b}{4}-\dfrac{a-b}{3}$
$$=\dfrac{3(3a-2b)-4(a-b)}{12}$$
$$=\dfrac{9a-6b-4a+4b}{12}=\dfrac{5a-2b}{12}$$

3　(1) $(3x+2y)-(x-y)=3x+2y-x+y$
$$=2x+3y=2\times2+3\times\left(-\dfrac{1}{3}\right)=3$$

(3) $18x^3y\div(-6xy)\times2y=-\dfrac{18x^3y\times2y}{6xy}$
$$=-6x^2y=-6\times2^2\times\left(-\dfrac{1}{3}\right)=8$$

2章　連立方程式

1 ⑦

2 (1) $\begin{cases} x=2 \\ y=-3 \end{cases}$　(2) $\begin{cases} x=1 \\ y=3 \end{cases}$　(3) $\begin{cases} x=1 \\ y=2 \end{cases}$

　(4) $\begin{cases} x=3 \\ y=2 \end{cases}$

3 (1) $\begin{cases} x=2 \\ y=8 \end{cases}$　(2) $\begin{cases} x=3 \\ y=7 \end{cases}$　(3) $\begin{cases} x=7 \\ y=3 \end{cases}$

　(4) $\begin{cases} x=-5 \\ y=-4 \end{cases}$

4 (1) $\begin{cases} x=1 \\ y=-1 \end{cases}$　(2) $\begin{cases} x=-2 \\ y=5 \end{cases}$　(3) $\begin{cases} x=-4 \\ y=2 \end{cases}$

　(4) $\begin{cases} x=1 \\ y=2 \end{cases}$

解説

1 x, y の値の組を，2つの式に代入して，どちらも成り立つかどうか調べる。

2 上の式を①，下の式を②とする。

(3)　①　　　　　$3x+\ 2y=\ \ 7$
　　②×3　$-)\ 3x+15y=\ 33$
　　　　　　　　　　$-13y=-26$
　　　　　　　　　　　　　$y=2$

　$y=2$ を①に代入すると，$3x+4=7$
　　　　　　　　　　　　　　　$3x=3$
　　　　　　　　　　　　　　　$x=1$

(4)　①×5　　　$20x+15y=\ \ 90$
　　②×4　$+)\ -20x+28y=-\ 4$
　　　　　　　　　　$43y=\ \ 86$
　　　　　　　　　　　$y=2$

　$y=2$ を①に代入すると，$4x+6=18$
　　　　　　　　　　　　　　　$4x=12$
　　　　　　　　　　　　　　　$x=3$

3 上の式を①，下の式を②とする。

(3)　②を①に代入すると，
　　　$4(3y-2)-5y=13$　　$y=3$
　$y=3$ を②に代入すると，
　　　$x=9-2$　　$x=7$

(4)　①を②に代入すると，
　　　$3x-2(x+1)=-7$　　$x=-5$
　$x=-5$ を①に代入すると，
　　　$y=-5+1$　　$y=-4$

4 上の式を①，下の式を②とする。

(1)　かっこをはずし，整理してから解く。
　　②より，$4x+3y=1$　　③
　　①－③×2 より，$y=-1$
　$y=-1$ を①に代入すると，$x=1$

(2)　②の両辺に 10 をかけて分母をはらうと，
　　　$5x-2y=-20$　　③
　　①＋③ より，$x=-2$
　$x=-2$ を①に代入すると，$y=5$

(3)　②の両辺を 10 倍して係数を整数にすると，
　　　$3x+7y=2$　　③
　　①×3－③×2 より，$y=2$
　$y=2$ を①に代入すると，$x=-4$

(4)　**ポイント**　$A=B=C$ の形をした連立方式は，

$\begin{cases} A=B \\ A=C \end{cases}$　$\begin{cases} A=B \\ B=C \end{cases}$　$\begin{cases} A=C \\ B=C \end{cases}$

のどれかの組み合わせをつくって解く。

$\begin{cases} 3x+2y=7 & ① \\ 5x+y=7 & ② \end{cases}$

②より，$y=-5x+7$　　③
③を①に代入すると，$x=1$
$x=1$ を③に代入すると，$y=2$

1 (1) $\begin{cases} x=4 \\ y=3 \end{cases}$　(2) $\begin{cases} x=-2 \\ y=4 \end{cases}$　(3) $\begin{cases} x=9 \\ y=3 \end{cases}$

　(4) $\begin{cases} x=4 \\ y=3 \end{cases}$　(5) $\begin{cases} x=-2 \\ y=2 \end{cases}$　(6) $\begin{cases} x=-5 \\ y=-6 \end{cases}$

2 (1) $\begin{cases} x=2 \\ y=4 \end{cases}$　(2) $\begin{cases} x=3 \\ y=-4 \end{cases}$　(3) $\begin{cases} x=6 \\ y=7 \end{cases}$

　(4) $\begin{cases} x=-1 \\ y=2 \end{cases}$

解説

1 上の式を①，下の式を②とする。

(1)　①×3　　$6x+9y=51$
　　②×2　$-)\ 6x+8y=48$
　　　　　　　　　$y=\ 3$

　$y=3$ を①に代入すると，$x=4$

(6)　①を②に代入すると，
　　　$(4y-1)-3y=-7$　　$y=-6$
　$y=-6$ を①に代入すると，$x=-5$

上の式を①，下の式を②とする。

(4) ①から，$4x+4y=3y-2$
$$4x+y=-2 \quad ③$$
③−②より，$3x=-3$ $x=-1$
$x=-1$ を②に代入すると，$y=2$

p.15 予想問題 ❷

(1) $\begin{cases} x=2 \\ y=-1 \end{cases}$ (2) $\begin{cases} x=2 \\ y=-3 \end{cases}$ (3) $\begin{cases} x=6 \\ y=-3 \end{cases}$

(4) $\begin{cases} x=5 \\ y=-2 \end{cases}$ (5) $\begin{cases} x=2 \\ y=-5 \end{cases}$ (6) $\begin{cases} x=100 \\ y=200 \end{cases}$

(1) $\begin{cases} x=10 \\ y=-5 \end{cases}$ (2) $\begin{cases} x=2 \\ y=1 \end{cases}$

(1) $\begin{cases} x=1 \\ y=4 \\ z=3 \end{cases}$ (2) $\begin{cases} x=-4 \\ y=3 \\ z=-5 \end{cases}$

解説

上の式を①，下の式を②とする。

(1) ①×4 より，$3x-2y=8$ ③
③+②×2 より，$7x=14$ $x=2$
$x=2$ を②に代入すると，$y=-1$

(4) ①×10 より，$12x+5y=50$ ③
③−②×4 より，$13y=-26$ $y=-2$
$y=-2$ を②に代入すると，$x=5$

(6) ①×100 より，$10x+5y=2000$ ③
③−②×2 より，$9y=1800$ $y=200$
$y=200$ を②に代入すると，$x=100$

(1) $\begin{cases} 2x+3y=5 & ① \\ -x-3y=5 & ② \end{cases}$
①+② より，$x=10$
$x=10$ を①に代入すると，$y=-5$

上の式から順に，①，②，③とする。

(1) ③を①に代入すると，$4x+y=8$ ④
③を②に代入すると，$6x+2y=14$ ⑤
④×2−⑤ より，$x=1$
$x=1$ を③に代入すると，$z=3$
$x=1$ を④に代入すると，$y=4$

(2) ①+② より，$3x+3y=-3$ ④
②+③ より，$3x-2y=-18$ ⑤
④−⑤ より，$y=3$
$y=3$ を④に代入すると，$x=-4$
$x=-4,\ y=3$ を①に代入すると，$z=-5$

p.17 テスト対策問題

(1) ⑦ $100x$ ⑦ $120y$ ⑨ 1100

(2) $\begin{cases} x+y=10 \\ 100x+120y=1100 \end{cases}$
パン…5個，おにぎり…5個

(1) ⑦ $\dfrac{x}{50}$ ⑦ $\dfrac{y}{100}$

(2) $\begin{cases} x+y=1000 \\ \dfrac{x}{50}+\dfrac{y}{100}=14 \end{cases}$
歩いた道のり…400 m
走った道のり…600 m

解説

(2) 上の式を①，下の式を②とする。
①×100−② より，$y=5$
$y=5$ を①に代入すると，$x=5$

(2) 上の式を①，下の式を②とする。
①−②×100 より，$x=400$
$x=400$ を①に代入すると，$y=600$

p.18 予想問題 ❶

500 円硬貨…10 枚，100 円硬貨…12 枚

鉛筆 1 本…80 円，ノート 1 冊…120 円

(1) ⑦ $\dfrac{x}{60}$ ⑦ $\dfrac{y}{120}$

(2) $\begin{cases} x+y=1500 \\ \dfrac{x}{60}+\dfrac{y}{120}=20 \end{cases}$
歩いた道のり…900 m
走った道のり…600 m

(3) 歩いた時間をx分，走った時間をy分とすると，
$\begin{cases} x+y=20 \\ 60x+120y=1500 \end{cases}$
歩いた道のり…900 m
走った道のり…600 m

解説

500 円硬貨をx枚，100 円硬貨をy枚とすると，
$\begin{cases} x+y=22 \\ 500x+100y=6200 \end{cases}$

鉛筆 1 本の値段をx円，ノート 1 冊の値段をy円とすると，
$\begin{cases} 3x+5y=840 \\ 6x+7y=1320 \end{cases}$

5

3 (3) 連立方程式を解くと，$x=15$，$y=5$
求めるのは，それぞれの道のりだから，
歩いた道のりは，$60 \times 15 = 900$（m）
走った道のりは，$120 \times 5 = 600$（m）となる。

⚠️ミス注意！ 連立方程式の解がそのまま問題の答えにならないときもあるので注意する。

---

p.19 ▶ 予想問題 ❷

1 自転車に乗った道のり…8 km
　歩いた道のり…6 km

2 ケーキ…50 個，ドーナツ…100 個

3 (1) ⑦ $x \times \dfrac{7}{100}$ 　　⑦ $y \times \dfrac{15}{100}$

　(2) $\begin{cases} x+y=400 \\ \dfrac{7}{100}x+\dfrac{15}{100}y=400 \times \dfrac{10}{100} \end{cases}$

　　7 ％の食塩水…250 g
　　15％の食塩水…150 g

解説

1 自転車に乗った道のりを x km，歩いた道のりを y km とすると，
$\begin{cases} x+y=14 \\ \dfrac{x}{16}+\dfrac{y}{4}=2 \end{cases}$

2 ケーキを x 個，ドーナツを y 個つくったとすると，
$\begin{cases} x+y=150 \\ \dfrac{6}{100}x+\dfrac{10}{100}y=13 \end{cases}$

---

p.20〜p.21 ▶ 章末予想問題

1 ⑦

2 (1) $\begin{cases} x=-1 \\ y=-2 \end{cases}$ (2) $\begin{cases} x=4 \\ y=3 \end{cases}$ (3) $\begin{cases} x=2 \\ y=4 \end{cases}$

　(4) $\begin{cases} x=7 \\ y=-5 \end{cases}$ (5) $\begin{cases} x=-2 \\ y=-4 \end{cases}$ (6) $\begin{cases} x=2 \\ y=1 \end{cases}$

3 $a=3$，$b=4$

4 A町からB町…8 km
　B町からC町…15 km

5 男子…200 人　　女子…225 人

6 10％の食塩水…225 g
　18％の食塩水…75 g

解説

1 x，y の値の組を，2 つの式に代入して，どちらも成り立つかどうか調べる。

2 **ポイント** 係数に分数や小数をふくむ連立方程式は，係数を全部整数に直してから解く。

(6) $\begin{cases} 3x-y=2x+y & ① \\ 3x-y=x-2y+5 & ② \end{cases}$

①，②を整理すると，
$\begin{cases} x-2y=0 & ③ \\ 2x+y=5 & ④ \end{cases}$

③×2−④ より，$y=1$
$y=1$ を③に代入すると，$x=2$

3 4 つの方程式の x，y の値は同じだから，数に a，b をふくまない 2 つの方程式を連立方程式として解いて，x，y の値を求める。
$\begin{cases} 5x+3y=7 \\ 4x-3y=11 \end{cases}$ を解いて，
$\begin{cases} x=2 \\ y=-1 \end{cases}$

これを a，b をふくむ 2 つの方程式に代入すると，
$\begin{cases} 2a+b=10 \\ -a+2b=5 \end{cases}$ これを解く。

4 A町からB町までの道のりを x km，B町からC町までの道のりを y km とすると，
$\begin{cases} x+y=23 \\ \dfrac{x}{4}+\dfrac{y}{5}=5 \end{cases}$

5 昨年の男子の人数を x 人，女子の人数を y 人とすると，
$\begin{cases} \dfrac{7}{100}x+\dfrac{4}{100}y=23 \\ x+y=425 \end{cases}$

6 10％の食塩水を x g，18％の食塩水を y gとすると，

濃度	10％	18％	12％
食塩水（g）	x	y	300
食塩（g）	$x \times \dfrac{10}{100}$	$y \times \dfrac{18}{100}$	$300 \times \dfrac{12}{100}$

$\begin{cases} x+y=300 & ① \\ \dfrac{10}{100}x+\dfrac{18}{100}y=300 \times \dfrac{12}{100} & ② \end{cases}$

②×100−①×10 より，$y=75$
$y=75$ を①に代入すると，$x=225$

3章　1次関数

p.23 テ ス ト 対 策 問 題

(1) 変化の割合…3　　　 y の増加量…9

(2) 変化の割合…-1　　 y の増加量…-3

(3) 変化の割合…$\dfrac{1}{2}$　　 y の増加量…$\dfrac{3}{2}$

(4) 変化の割合…$-\dfrac{1}{3}$　 y の増加量…-1

(1) ⑦ 傾き…4　　　　切片…-2

　　 ⑦ 傾き…-3　　　 切片…1

　　 ⑦ 傾き…$-\dfrac{2}{3}$　 切片…-2

　　 ㋤ 傾き…4　　　　 切片…3

(2) ⑦, ⑦　　　　 (3) ⑦と㋤

(1) $y=-2x+2$　　 (2) $y=-x+4$

(3) $y=2x+3$

解説

　1次関数 $y=ax+b$ では，変化の割合は一定で，a に等しい。また，

　(y の増加量)$=a\times(x$ の増加量)

(1) 1次関数 $y=ax+b$ のグラフは，傾きが a，切片が b の直線である。

(2) 右下がり → 傾きが負 $(a<0)$

(3) 平行な直線 → 傾きが等しい

(1) $y=-2x+b$ となる。

　$x=-1$ のとき $y=4$ だから，

　　$4=-2\times(-1)+b$　　 $b=2$

(2) 切片が4だから，$y=ax+4$ となる。

　$x=3$，$y=1$ を代入すると，

　　$1=a\times3+4$　　 $a=-1$

(3) 2点 $(1,\ 5)$，$(3,\ 9)$ を通るから，グラフの傾きは，

　　$\dfrac{9-5}{3-1}=\dfrac{4}{2}=2$

　したがって，$y=2x+b$

　これに，$x=1$，$y=5$ を代入すると，

　　$5=2\times1+b$　　 $b=3$

別解 $y=ax+b$ が2点 $(1,\ 5)$，$(3,\ 9)$ を通るので，

$$\begin{cases}5=a+b\\9=3a+b\end{cases}$$

これを解いて，$\begin{cases}a=2\\b=3\end{cases}$

---

p.24 予想問題 ❶

① (1) 4 L　　　　 (2) $y=4x+2$

② (1) 変化の割合…1　　　 y の増加量…4

　 (2) 変化の割合…$-\dfrac{1}{2}$　 y の増加量…-2

③ (1) 傾き…5　　　 切片…-3

　 (2) 傾き…-9　　 切片…0

④
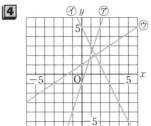

解説

② (1) (y の増加量)$=1\times(6-2)=4$

③ (2) $y=-9x+0$ と考えると，$y=-9x$ の切片は0になる。

④ 　1次関数 $y=ax+b$ のグラフをかくには，切片 b から，点 $(0,\ b)$ をとる。

　　傾き a から，$(1,\ b+a)$ などの2点をとって，その2点を通る直線を引く。

　　ただし，a，b が分数の場合には，x 座標，y 座標が整数となる2点を見つけて，その2点を通る直線を引くとよい。⑦はまず，切片 b から点 $(0,\ 1)$ をとる。傾き a の分母が3なので，x 座標を3とすると，点 $(3,\ 3)$ を通ることがわかるので，この2点を通る直線を引く。

---

p.25 予想問題 ❷

① (1) ⑦, ⑦, ㋤, ㋕　 (2) ⑦

　 (3) ⑦と⑦　　　 (4) ⑦と㋕

② (1) $y=-\dfrac{1}{3}x-3$　 (2) $y=-\dfrac{5}{4}x+1$

　 (3) $y=\dfrac{3}{2}x-2$

③ (1) $y=2x+1$　　 (2) $y=3x-1$

　 (3) $y=\dfrac{2}{3}x+1$

解説

① (1) 右上がりの直線 → 傾きが正

　 (2) $(-3,\ 2)$ を通る

　　 → $x=-3$，$y=2$ を代入して成り立つ

(3) 平行な直線 → 傾きが等しい

(4) y 軸上で交わる → 切片が等しい

2 どのグラフも切片はます目の交点上にあるので，ます目の交点にある点をもう1つ見つけ，傾きを考えていく。

3 (1) $y=2x+b$ という式になる。$x=1$ のとき $y=3$ だから，

$$3=2×1+b \qquad b=1$$

(2) 切片が -1 だから，$y=ax-1$ という式になる。$x=1$，$y=2$ を代入して，

$$2=a×1-1 \qquad a=3$$

(3) 2点 $(-3,\ -1)$，$(6,\ 5)$ を通るから傾きは，

$$\frac{5-(-1)}{6-(-3)}=\frac{6}{9}=\frac{2}{3}$$

したがって，$y=\dfrac{2}{3}x+b$

$x=-3$，$y=-1$ を代入すると，

$$-1=\frac{2}{3}×(-3)+b \qquad b=1$$

別解 $y=ax+b$ が $(-3,\ -1)$，$(6,\ 5)$ を通るので，

$$\begin{cases} -1=-3a+b \\ 5=6a+b \end{cases}$$

これを解いて，$\begin{cases} a=\dfrac{2}{3} \\ b=1 \end{cases}$

---

p.27 テスト対策問題

1

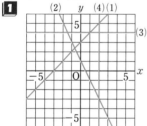

2 グラフは右の図
解は，
$\begin{cases} x=2 \\ y=4 \end{cases}$

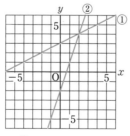

3 (1) ① $y=-x-2$　　② $y=2x-3$

(2) $\left(\dfrac{1}{3},\ -\dfrac{7}{3}\right)$

解説

1 $ax+by=c$ を y について解き，

$$y=-\frac{a}{b}x+\frac{c}{b}$$

という形にしてから，グラフをかくとよい。グラフは必ず直線になる。

また，$y=m$ のグラフは，点 $(0,\ m)$ を通り x 軸に平行な直線となる。

また，$x=n$ のグラフは，点 $(n,\ 0)$ を通り，y 軸に平行な直線となる。

2 $\begin{cases} x-2y=-6 \rightarrow y=\dfrac{1}{2}x+3 \\ 3x-y=2 \rightarrow y=3x-2 \end{cases}$

2つのグラフの交点の座標を読み取る。

3 (2) グラフの交点の座標を読み取ることはきないので，①と②の式を連立方程式とみてそれを解くことによって交点の座標を求める

---

p.28 予想問題 ❶

1

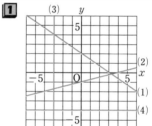

2 (1) ⑦　　　(2) ⑦　　　(3) ⑦

3 グラフは右の図
解は，
$\begin{cases} x=-3 \\ y=-4 \end{cases}$

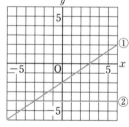

解説

2 上の式を①，下の式を②とする。

(1) ①より，$y=-3x+7$
　　②より，$y=-3x-1$

傾きが等しく，切片が異なるので，グラフに平行となり，交点がない。

(2) ①＋②×3 より，$x=3$
$x=3$ を②に代入して，$y=1$
2つのグラフの交点は，$(3,\ 1)$

(3) ①より，$y=2x-1$

②より，$y=2x-1$

2つのグラフは，重なって一致するので，解は無数にある。

弟が兄に追いつく時刻を求めればよい。

p.29 **予想問題 ❷**

1 (1) $y=2x$ (2) $y=10$

(3) $y=-2x+28$

(4)
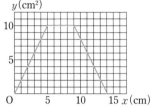

2 (1) **分速400 m** (2) **分速100 m**

(3)
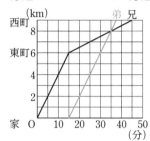

追いつく時刻…午前9時35分

1 ⑦，⑦

2 ⑦と⑦

3 (1) **傾き…−2** **切片…2**

(2) $-\dfrac{3}{2}\leq x\leq\dfrac{7}{2}$

4 (1) $y=-\dfrac{1}{2}x-1$ (2) $y=-3x+4$

(3) $y=\dfrac{4}{3}x-4$

5 (1) $y=6x+22$ (2) **12分後**

6 (1) $y=-12x+72$ (2) **6 km**

解説

1 比例 $y=ax$ は，1次関数 $y=ax+b$ で $b=0$ の特別な場合である。

反比例 $y=\dfrac{a}{x}$ は，1次関数ではない。

2 平行な直線 → 傾きが等しい

3 (2) グラフを読み取ることはできないので，計算で求める。

$y=-5$ のとき，

$-5=-2x+2$ $x=\dfrac{7}{2}$

$y=5$ のとき，

$5=-2x+2$ $x=-\dfrac{3}{2}$

解説

1 (1) $y=\dfrac{1}{2}\times4\times x$ ←$\frac{1}{2}\times$AB×BP

$y=2x$

(2) $y=\dfrac{1}{2}\times4\times5$ ←$\frac{1}{2}\times$AB×AD

$y=10$

(3) $y=\dfrac{1}{2}\times4\times(14-x)$ ←$\frac{1}{2}\times$AB×AP

$y=-2x+28$

(4) x の変域に注意してグラフをかく。

$0\leq x\leq5$ のとき $y=2x$

$5\leq x\leq9$ のとき $y=10$

$9\leq x\leq14$ のとき $y=-2x+28$

2 (1) グラフから，10分間に4 km（4000 m）進んでいるから，1分間に進む道のりは，

$4000\div10=400$ (m)

(2) グラフから，10分間に1 km（1000 m）進んでいるから，1分間に進む道のりは，

$1000\div10=100$ (m)

(3) 分速400 mだから，10分間に4000 mすなわち4 km進む。このようすを表すグラフを図にかき入れ，グラフの交点を読み取って，

5 (1) 2点 $(0, 22)$，$(4, 46)$ を通る直線の式を求める。

切片は22，傾きは，

$\dfrac{46-22}{4-0}=\dfrac{24}{4}=6$

したがって，$y=6x+22$

(2) (1)の式に $y=94$ を代入すると，

$94=6x+22$ $x=12$

6 (1) 変化の割合は -12 で，

$x=6$ のとき $y=0$ だから，

$y=-12x+72$ ①

(2) 妹のようすは，右の図の直線ABで，

$y=4x-16$ ②

①，②を連立方程式として解く。

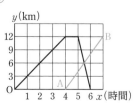

4章　図形の性質の調べ方

p.33　テスト対策問題

1 (1) $\angle d$　　(2) $\angle c$　　(3) $\angle e$

　　(4) $\angle a=115°$　$\angle b=65°$　$\angle c=65°$

　　　　$\angle d=115°$　$\angle e=65°$　$\angle f=115°$

2 (1) $900°$　(2) $135°$　(3) $360°$　(4) $30°$

3 (1) 2本　　(2) 3個　　(3) $540°$

解説

1 (4) 対頂角は等しいか

ら，$\angle a=115°$

$\angle b=180°-115°=65°$

$\ell \parallel m$ より，

$\angle c=\angle b$，$\angle d=\angle a$

対頂角は等しいから，

$\angle e=\angle c=65°$，$\angle f=\angle d=115°$

（図：n，ℓ，m，$115°$，a，b，c，d，e，f，同位角，錯角，対頂角）

2 (2) 正八角形の内角の和は，

$180°×(8-2)=1080°$

正八角形の内角は，すべて等しいので，

$1080°÷8=135°$

　　(4) 正十二角形の外角はすべて等しいので，

$360°÷12=30°$

p.34　予想問題 ❶

1 (1) $\angle c$

　　(2) $\angle a=40°$　　　　$\angle b=80°$

　　　　$\angle c=40°$　　　　$\angle d=60°$

2 (1) $\angle a$ の同位角…$\angle c$

　　　　$\angle a$ の錯角…$\angle e$

　　(2) $\angle b=60°$　　　　$\angle c=120°$

　　　　$\angle d=60°$　　　　$\angle e=120°$

3 (1) $a \parallel d$，$b \parallel c$

　　(2) $\angle x$ と $\angle v$，$\angle y$ と $\angle z$

4 (1) $35°$　　(2) $105°$　　(3) $70°$

解説

1 (2) $\angle a=180°-(80°+60°)=40°$

対頂角は等しいことから，$\angle b$，$\angle c$，$\angle d$ を求める。

2 (2) $\ell \parallel m$ より，同位角，錯角が等しいから，

$\angle c=\angle a=120°$　$\angle e=\angle a=120°$

$\angle b=\angle d=180°-120°=60°$

4 (1) $55°$ の同位角を三角形の外角とみると，

$\angle x=55°-20°=35°$

---

　　(2) $\angle x$ を三角形の外角と

みると，

$\angle x=55°+50°$

$=105°$

　　(3) 右の図のように，$\angle x$

の頂点を通り，ℓ，m に

平行な直線を引くと，

$\angle x=40°+30°=70°$

p.35　予想問題 ❷

1 (1) $1080°$　　　　(2) $360°$

2 (1) 十角形　　　　(2) 正八角形

3 (1) $110°$　　(2) $95°$　　(3) $70°$

4 $180°$

解説

1 (2) $1080°-180°×(6-2)=360°$

2 (1) 求める多角形を n 角形とすると，

$180°×(n-2)=1440°$　　$n=10$

　　(2) 1つの外角が $45°$ である正多角形は，

$360°÷45°=8$ より，正八角形。

3 (1) 四角形の外角の和は $360°$ だから，

$\angle x=360°-(115°+70°+65°)=110°$

　　(2) 四角形の内角の和は $360°$ だから，

$\angle x=360°-(70°+86°+109°)=95°$

　　(3) 五角形の内角の和は $540°$ だから，

$540°-(110°+100°+130°+90°)=110°$

$\angle x=180°-110°=70°$

4 三角形の外角に内角の

和を移すと，

$\angle a+\angle b+\angle c+\angle d+\angle e$

は，1つの三角形の内角

の和となる。

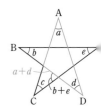

p.37　テスト対策問題

1 (1) 四角形 ABCD ≡ 四角形 GHEF

　　(2) CD＝4 cm　　　　EH＝5 cm

　　(3) ∠C＝70°　　　　∠G＝120°

　　(4) 対角線 AC に対応する対角線…対角線 GE

　　　　対角線 FH に対応する対角線…対角線 DB

2 CA＝FD　3組の辺がそれぞれ等しい。

　　∠B＝∠E　2組の辺とその間の角がそれ

　　　　　　　ぞれ等しい。

(1) 仮定…△ABC≡△DEF

結論…∠A＝∠D

(2) 仮定…x が 4 の倍数

結論…x は偶数

(3) 仮定…ある三角形が正三角形

結論…3 つの辺の長さは等しい

解説

(2) 対応する線分の長さは等しいから，

CD＝EF＝4 cm，EH＝CB＝5 cm

3) ∠G＝360°－(70°＋90°＋80°)＝120°

p.38 **予想問題 ❶**

△ABC≡△STU　　1 組の辺とその両端

の角がそれぞれ等しい。

△GHI≡△ONM　　2 組の辺とその間の

角がそれぞれ等しい。

△JKL≡△RPQ　　3 組の辺がそれぞれ

等しい。

(1) △AMD≡△BMC　　1 組の辺とその

両端の角がそれぞれ等しい。

(2) △ABD≡△CDB　　2 組の辺とその

間の角がそれぞれ等しい。

(3) △AED≡△FEC　　1 組の辺とその

両端の角がそれぞれ等しい。

解説

2 三角形の合同条件は，正しく理解しよう。

p.39 **予想問題 ❷**

(1) 仮定…AB＝CD，AB∥CD

結論…AD＝CB

(2) ① CD　　② DB　　③ ∠CDB

④ △CDB　　⑤ CB

(3) (ア) 平行線の錯角は等しい。

(イ) 2 組の辺とその間の角がそれぞれ等

しい 2 つの三角形は合同である。

(ウ) 合同な図形の対応する辺は等しい。

△ABE と △ACD において，

仮定から，AB＝AC　　　　①

　　　　　AE＝AD　　　　②

共通な角だから，

　　　∠BAE＝∠CAD　　　③

①，②，③より，2 組の辺とその間の角が

それぞれ等しいから，

　　　△ABE≡△ACD

合同な図形の対応する角は等しいから，

　　　∠ABE＝∠ACD

3 (1) $a＋b＝7$ ならば，$a＝4$，$b＝3$ である。

正しくない。反例…$a＝1$，$b＝6$

(2) 2 直線に 1 つの直線が交わるとき，同

位角が等しければ，2 直線は平行である。

正しい。

解説

1 **（参考）**証明の根拠としては，対頂角の性質や

三角形の角の性質などを使うこともある。

p.40～p.41 **章末予想問題**

1 (1) ∠a，∠m　　(2) ∠d，∠p

(3) 180°　　(4) ∠e，∠m，∠o

2 (1) 39°　　(2) 70°　　(3) 105°

(4) 60°　　(5) 60°　　(6) 30°

3 (1) 40°　　(2) 十二角形

4 (1) △ADE　　(2) AE　　(3) DE

(ア) 1 組の辺とその両端の角がそれぞれ等しい

(イ) 合同な図形の対応する辺は等しい

5 △ABC と △DCB において，

仮定から，AC＝DB　　　　①

　　　　∠ACB＝∠DBC　　②

共通な辺だから，BC＝CB　　③

①，②，③より，2 組の辺とその間の角が

それぞれ等しいから，

　　　△ABC≡△DCB

合同な図形の対応する辺は等しいから，

　　　AB＝DC

解説

1 (4) ∠c＝∠i より，③∥④ となる。

2 (5) 右の図のように，∠x，

45° の角の頂点を通り，$ℓ$，

m に平行な 2 つの直線を

引くと，$x＝35°＋25°＝60°$

(6) 右の図のように，三角形

を 2 つつくると，

∠x＋55°＝110°－25°

∠x＋55°＝85°

　　∠x＝30°

11

5章　三角形・四角形

p.43　テスト対策問題

1 (1) 50°　(2) 55°　(3) 20°

2 ⑦ ACE　④ AC　⑦ CE
　　㋐ ACE　㋔ 2組の辺とその間の角
　　㋕ ACE

3 △ABC≡△KJL　直角三角形の斜辺
と他の1辺がそれぞれ等しい。
△GHI≡△OMN　直角三角形の斜辺
と1つの鋭角がそれぞれ等しい。

解説

1 (1) 二等辺三角形の底角は等しいので，
　　　∠x＝180°－65°×2＝50°

　(3) 二等辺三角形の頂角の二等分線は，底辺を
　　垂直に2等分するので，∠ADB＝90°
　　したがって，∠x＝180°－(90°＋70°)＝20°

p.44　予想問題 ❶

1 (1) 70°　　　　(2) 90°

2 (1) ∠x＝90°，∠y＝100°　(2) 3 cm

3 二等辺三角形 ABC の底角は等しいから，
　　　∠ABC＝∠ACB　　　①
　仮定から，∠PBC＝$\frac{1}{2}$∠ABC　　②
　　　　　　∠PCB＝$\frac{1}{2}$∠ACB　　③
　①，②，③より，∠PBC＝∠PCB
　2つの角が等しいから，△PBC は二等辺
　三角形である。

4 AD∥BC より錯角が等しいから，
　　　∠FDB＝∠CBD　　①
　また，折り返した角であるから，
　　　∠FBD＝∠CBD　　②
　①，②より，∠FDB＝∠FBD
　したがって，2つの角が等しいから，△FBD
　は二等辺三角形である。

解説

1 (1) 二等辺三角形 DBC の底角は等しいから，
　　∠D の外角について，∠ADB＝35°×2＝70°

　(2) 二等辺三角形 DAB の底角は等しいから，
　　∠DBA＝(180°－70°)÷2＝55°
　　∠ABC＝∠DBA＋∠DBC＝55°＋35°＝90°

2 線分 BD は，頂角Bの二等分線になってい

p.45　予想問題 ❷

1 △ACD と △BCE において，
　仮定から，AC＝BC　　　①
　　　　　　CD＝CE　　　②
　∠ACD＝60°＋∠ACE
　∠BCE＝60°＋∠ACE
　よって，∠ACD＝∠BCE　③
　①，②，③より，2組の辺とその間の角が
　それぞれ等しいから，△ACD≡△BCE
　したがって，AD＝BE

2 (1) △ABD と △ACE（△CBD と △CBE）
　(2) △BCE と △CBD（△ACE と △ABD）
　　直角三角形の斜辺と1つの鋭角がそれ
　　ぞれ等しい。

3 △POC と △POD において，
　仮定から，∠PCO＝∠PDO＝90°　①
　　　　　　∠POC＝∠POD　　　②
　また，　　PO は共通　　　　　③
　①，②，③より，直角三角形の斜辺と1つ
　の鋭角がそれぞれ等しいから，
　　　　　△POC≡△POD
　したがって，OC＝OD

解説

1 60°に共通の角を加えた角度は等しい。

p.47　テスト対策問題

1 (1) x＝40，y＝140
　　平行四辺形の対角は等しい。
　(2) x＝8　平行四辺形の対辺は等しい。
　　y＝3　平行四辺形の2つの対角線は
　　　　　それぞれの中点で交わる。

2 ⑦ 中点　④ OC　⑦ OD
　　㋐ OF　㋔ 2つの対角線
　　㋕ 中点

3

	平行四辺形	長方形	ひし形	正方形
それぞれの中点で交わる	○	○	○	○
垂直に交わる	×	×	○	○
長さが等しい	×	○	×	○

12

解説

(1) 平行四辺形の対角は等しいから，
$\angle x = 40°$
$\angle y = (360° - 40° \times 2) \div 2 = 140°$
または，$\angle y + 40° = 180°$，$\angle y = 140°$

p.48 予想問題 ❶

(1) $64°$　　　　　　(2) $8\ \text{cm}$

(ア) △CDF　(イ) DF　(ウ) CD　(エ) ∠D

(オ) 2組の辺とその間の角　(カ) △CDF

(ア) いえる。　　　　(イ) いえない。

解説

(1) 四角形 ADEF は平行四辺形になるから，
$\angle DAF = \angle DEF = 52°$
二等辺三角形の底角は等しいから，
$\angle C = (180° - 52°) \div 2 = 64°$

ポイント 条件をもとに図をかいてみる。

ア) ∠A の外角は $112°$ で
錯角が等しいから，AD∥BC
したがって，1組の対辺
が平行でその長さが等しい。

イ) 平行四辺形にならない。
平行四辺形ならば，2つ
の対角線はそれぞれの中
点で交わる。

p.49 予想問題 ❷

(ア) ∠DCB　(イ) DC　(ウ) △DCB

(エ) 45　(オ) 90

① エ，カ　　　　② イ，ウ

③ イ，ウ　　　　④ エ，カ

(1) 長方形　　　　(2) ひし形

解説

対角線が垂直に交わることを証明するには，
$\angle BOC$ が $90°$ であることを示せばよい。

(1) 平行四辺形の対角は等しいから，
$\angle A = \angle C$，$\angle B = \angle D$　①
仮定から，$\angle A = \angle B$　②
①，②より，$\angle A = \angle B = \angle C = \angle D$
4つの角が等しいので，四角形 ABCD は長方形である。

(2) $\angle AOD = 90°$ より，△ABO≡△ADO となり，▱ABCD の 4つの辺が等しくなる。

---

p.50〜p.51 章末予想問題

1 (1) $\angle x = 80°$　　$\angle y = 25°$

(2) $\angle x = 40°$　　$\angle y = 100°$

(3) $\angle x = 30°$　　$\angle y = 105°$

2 △EBC と △DCB において，
仮定から，BE＝CD　　①
△ABC の底角は等しいから，
　　　∠EBC＝∠DCB　　②
また，　　BC は共通　　③
①，②，③より，2組の辺とその間の角が
それぞれ等しいから，△EBC≡△DCB
したがって，∠FCB＝∠FBC
よって，2つの角が等しいから，△FBC は
二等辺三角形である。

3 (1) △ABD≡△EBD　直角三角形の
斜辺と1つの鋭角がそれぞれ等しい。

(2) 線分 DA，線分 CE

4 四角形 ABCD は平行四辺形だから，
　　　　AQ∥PC　　①
　　　　∠BAD＝∠DCB　　②
①より，　　　∠PAQ＝∠APB　　③
また，②と AP，CQ がそれぞれ ∠BAD，
∠BCD の二等分線であることから，
　　　　∠PAQ＝∠PCQ　　④
③，④より，∠APB＝∠PCQ　　⑤
⑤より，同位角が等しいから，
　　　　AP∥QC　　⑥
①，⑥より，2組の対辺がそれぞれ平行だ
から，四角形 APCQ は平行四辺形である。

5 $80\ \text{cm}^2$

6 ひし形

解説

3 (2) △DEC も直角二等辺三角形になるので，DE＝CE となる。

4 **ポイント** 「2組の対辺がそれぞれ平行になる」ことを証明すればよい。

5 △AEC と △ABE は，底辺と高さがともに等しいので，面積は等しい。また，平行四辺形は対角線で合同な三角形に分けられる。

6 △APS≡△BPQ≡△CRQ≡△DRS より，PS＝PQ＝RQ＝RS となる。

6章　確率

p.53 テスト対策問題

1 いえる

2 (1) 6通り　(2) いえる　(3) 3通り

(4) $\dfrac{1}{2}$　(5) $\dfrac{1}{3}$　(6) $\dfrac{2}{3}$

3 (1) $\dfrac{9}{10}$　(2) 0

解説

1 赤いマークのカードと黒いマークのカードの枚数は等しいので，⑦と⑦のことがらの起こりやすさは同じといえる。

2 (1) 1から6までの6通りある。

(3) 1，3，5の3通り。

(5) 3，6の2通り。よって，$\dfrac{2}{6}=\dfrac{1}{3}$

(6) 出る目の数が6の約数である場合は，1，2，3，6の4通り。よって，$\dfrac{4}{6}=\dfrac{2}{3}$

3 (1) カードにかかれた数が，1桁の数である場合は，1，2，3，4，5，6，7，8，9の9通り。よって，求める確率は，$\dfrac{9}{10}$

(2) 11以上の数が出る場合は，0通り。よって，求める確率は，$\dfrac{0}{10}=0$

p.54 予想問題 ❶

1 ⑦，⑦

2 (1) 20通り，いえる

(2) $\dfrac{1}{2}$　(3) $\dfrac{1}{4}$　(4) $\dfrac{3}{10}$

3 (1) $\dfrac{1}{4}$　(2) $\dfrac{1}{13}$　(3) $\dfrac{3}{13}$　(4) 0

解説

1 何回投げても，1つの目の出る確率はすべて $\dfrac{1}{6}$ なので，⑦と⑤は正しくない。

2 (3) カードに書かれた数が4の倍数である場合は，4，8，12，16，20の5通り。

3 (1) ◆のカードは13枚あるから，求める確率は，$\dfrac{13}{52}=\dfrac{1}{4}$

p.55 予想問題 ❷

1 (1) $\dfrac{4}{7}$　(2) $\dfrac{3}{7}$

2 (1) $\dfrac{5}{12}$　(2) $\dfrac{3}{4}$　(3) 1

3 (1) $\dfrac{1}{6}$　(2) $\dfrac{5}{6}$　(3) $\dfrac{1}{2}$

(4) $\dfrac{1}{2}$　(5) $\dfrac{2}{3}$　(6) $\dfrac{1}{3}$

解説

2 玉は全部で，$4+5+3=12$（個）

(1) 白玉が出る確率は，$\dfrac{5}{12}$

(2) 赤玉または白玉は，$4+5=9$（個）よって，求める確率は，$\dfrac{9}{12}=\dfrac{3}{4}$

(3) 求める確率は，$\dfrac{12}{12}=1$

3 (2) 1の目が出る確率が $\dfrac{1}{6}$ なので，1の目が出ない確率は，

$1-\dfrac{1}{6}=\dfrac{5}{6}$

p.57 テスト対策問題

1 (1) $\dfrac{1}{4}$　(2) $\dfrac{1}{2}$

2 (1) 右の表

(2) $\dfrac{5}{36}$

(3) $\dfrac{1}{4}$

A\B	1	2	3	4	5	6
1	2	3	4	5	6	7
2	3	4	5	6	7	8
3	4	5	6	7	8	9
4	5	6	7	8	9	10
5	6	7	8	9	10	11
6	7	8	9	10	11	12

3 (1) 10通り

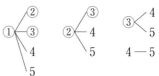

(2) $\dfrac{3}{10}$　(3) $\dfrac{3}{5}$

解説

3 **ポイント** 順番の関係ないことがらであることに注意する。解答のように枝分かれが減っていくような樹形図になる。

14

3) 赤玉と白玉が1個ずつであるのは，①—4，①—5，②—4，②—5，③—4，③—5の6通り。

p.58 **予想問題 ❶**

$\dfrac{3}{8}$

表を オ，裏を ウ とする。

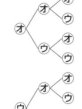

(1)
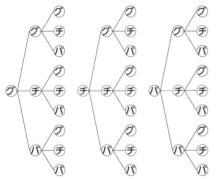

(2) $\dfrac{1}{9}$

(3) $\dfrac{1}{3}$

(1) 右の表

(2) ① $\dfrac{1}{9}$

② $\dfrac{1}{6}$

③ $\dfrac{1}{9}$

A\B	1	2	3	4	5	6
1	1	2	3	4	5	6
2	2	4	6	8	10	12
3	3	6	9	12	15	18
4	4	8	12	16	20	24
5	5	10	15	20	25	30
6	6	12	18	24	30	36

解説

樹形図より，表，裏の出方は全部で8通り。
1枚が表で，2枚が裏になるのは，(オ，ウ，ウ)，(ウ，オ，ウ)，(ウ，ウ，オ) の3通り。

(2) ③ 積が9の倍数になるのは，(3，3)，(3，6)，(6，3)，(6，6) の4通り。

---

p.59 **予想問題 ❷**

1 (1) 20通り A B A B A B

(2) ① $\dfrac{2}{5}$

② $\dfrac{2}{5}$

(3) 同じ

2 (1) $\dfrac{3}{10}$

(2) $\dfrac{3}{5}$

(3) $\dfrac{1}{6}$

解説

1 (3) (2)の結果から，くじを先に引くのとあとに引くのとで，当たる確率は変わらない。

2 (1) 選ばれ方は次の10通り。{A，B}，{A，C}，{A，D}，{A，E}，{B，C}，{B，D}，{B，E}，{C，D}，{C，E}，{D，E}

(3) ペアは，{A，D}，{A，E}，{B，D}，{B，E}，{C，D}，{C，E} の6通り。

---

p.60～p.61 **章末予想問題**

1 ㋑

2 いえない

3 (1) 20通り (2) $\dfrac{2}{5}$ (3) $\dfrac{1}{5}$

4 (1) $\dfrac{1}{18}$ (2) $\dfrac{7}{18}$

5 $\dfrac{1}{6}$

6 (1) F (2) $\dfrac{1}{6}$

解説

3 (2) 偶数は一の位が4または6のときだから，34，36，46，54，56，64，74，76の8通り。

4 右のような表をつくる。

(1) ○をつけた2通り。

(2) △をつけた14通り。

a\b	1	2	3	4	5	6
1	△					
2	△	△				
3	△		△			
4	△	△		△	○	
5	△			○	△	
6	△	△	△			△

5 ペアの組み合わせは，{A，D}，{A，E}，{B，D}，{B，E}，{C，D}，{C，E} の6通り。

7章　データの分布

p.63 テスト対策問題

1 (1) 第1四分位数…10分
　　　 第2四分位数…14分
　　　 第3四分位数…18分

　　(2) 8分

　　(3)

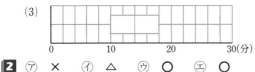

2 ㋐ ×　 ㋑ △　 ㋒ ○　 ㋓ ○

解説

1 (1) データの個数が14で偶数個なので，第2四分位数（中央値）は，7番目と8番目の値の平均値となる。
　(13＋15)÷2＝14（分）
　第1四分位数は，前半の7個のデータの中央値なので，4番目の値の10分である。
　第3四分位数は，後半の7個のデータの中央値なので，後ろから4番目（前から11番目）の値の18分である。

　(2) （四分位範囲）
　＝（第3四分位数）－（第1四分位数）なので，
　18－10＝8（分）

　(3) 第1四分位数から第3四分位数までが箱の部分となる。最小値から第1四分位数までと，第3四分位数から最大値までが，両端のひげの部分となる。

2 ・データの範囲は，1組が 50－5＝45（点），2組が 45－15＝30（点）なので，等しくない。よって，㋐は正しくない。
　ミス注意！ 範囲と四分位範囲のちがいに気をつける。

　・平均点は，この箱ひげ図からはわからない。よって，㋑はこの図からはわからない。
　ミス注意！ 平均値と中央値のちがいに気をつける。

　・データの個数はどちらの組も27個なので，第1四分位数は7番目，第2四分位数は14番目の値である。1組は第1四分位数の値が15点，2組は最小値が15点なので，どちらの組にも，得点が15点の生徒がいる。よって，㋒は正しい。

・40点が，1組と2組の箱ひげ図のどこにかかっているかをそれぞれ調べる。
　1組の第3四分位数は35点なので，得点が高い方から7番目の生徒は35点となる。40点は第3四分位数より大きいので，40点以上の生徒の人数は，多くても6人となる。
　2組の第3四分位数は40点なので，40点以上の生徒の人数は少なくとも7人いることがわかる。40点以上の生徒は，2組の方が多いことがいえるので，㋓は正しい。

p.64 章末予想問題

1 (1) ㋑　　　(2) ㋐　　　(3) ㋒
2 ㋒

解説

1 (1) ヒストグラムの山の形は右寄りなので，箱が右に寄っている㋑があてはまる。

　(2) ヒストグラムの山の形は，左右対称で中央付近の山が高く（データの個数が多く），両端にいくほど山が低い（データの個数が少ない）。そのため，箱が中央にあり，箱の大きさが小さい㋐があてはまる。

　(3) ヒストグラムの山の形は，頂点がなくデータの個数がばらついているので，箱の大きさが大きい㋒があてはまる。

2 ・Aさん，Bさん，Cさんのデータの最大値は，いずれも45点である。
　これは，いずれの人も1試合での最高得点が45点であったことを表しているので，㋐は正しい。

　・AさんとCさんの中央値は25点なので，半分以上の試合で25点以上あげていることがわかる。
　また，Bさんの中央値は30点なので，半分以上の試合で30点以上あげていることがわかる。よって，㋑も正しい。

　・四分位範囲は，箱ひげ図の箱の部分の長さなので，もっとも小さいのはCさんである。よって，㋒は正しくない。

　・Aさんの中央値は25点，Cさんの中央値も25点なので，㋓は正しい。

16

6 5 4 3 2
D C B A

テストに出る！

5分間攻略ブック

学校図書版

数学
2年

重要事項をサクッと確認

よく出る問題の
解き方をおさえる

赤シートを
活用しよう！

テスト前に最後のチェック！
休み時間にも使えるよ♪

「5分間攻略ブック」は取りはずして使用できます。

1章　式の計算

次の言葉を答えよう。

□ 数や文字をかけ合わせた形の式。

単項式

□ 単項式の和の形で表された式。

多項式

□ 単項式で，かけ合わされている

文字の個数。　　　　次数

□ 式の項の中で，文字の部分が

まったく同じ項。　　同類項

次の問いに答えよう。

□ 多項式 $2x^2 - 4xy + 5$ の項は？

$2x^2, \quad -4xy, \quad 5$

□ 単項式 $5x^2y$ の次数は？

❀ $5x^2y = 5 \times x \times x \times y$ 　　　3

□ 多項式 $2x^2 - 4xy + 5$ は何次式？

❀ 次数が2の式を2次式という。　2 次式

> 多項式の次数は，
> 各項の次数のうちで
> もっとも大きいものだよ。

次の計算をしよう。

□ $(5x - 4y) + (2x - y)$

$= 5x - 4y \boxed{+2x - y}$

$= \boxed{7x - 5y}$ ❀同類項をまとめる。

□ $(5x - 4y) - (2x - y)$

$= 5x - 4y \boxed{-2x + y}$

$= \boxed{3x - 3y}$

□ $8(4x - 3y)$ ❀$8 \times 4x + 8 \times (-3y)$

$= \boxed{32x - 24y}$

□ $(48x - 36y) \div 6$ ❀$(48x - 36y) \times \dfrac{1}{6}$

$= \boxed{8x - 6y}$

□ $7x \times (-3y)$ ❀$7 \times (-3) \times x \times y$

$= \boxed{-21xy}$

□ $16xy \div (-4x)$ ❀$-\dfrac{16 \times x \times y}{4 \times x}$

$= \boxed{-4y}$

□ $-4xy \div (-12x) \times 9y$

$= \dfrac{4xy \times \boxed{9y}}{\boxed{12x}}$ ❀$\dfrac{4 \times x \times y \times 9 \times y}{12 \times x}$

$= \boxed{3y^2}$

◎ 攻略のポイント

多項式の計算

加法 ➡ 式の各項をすべて加える。	乗法 ➡ 分配法則を使って計算する。
減法 ➡ ひく式の各項の符号を変えて 　　　加える。	除法 ➡ 乗法の形に直して計算する。

$x=4, y=3$ のとき, 次の式の値を求めよう。

□ $3(2x-y)-2(4x-3y)$

$=6x-3y \boxed{-8x+6y}$

$=-2x+3y$ ✴ $-2 \times 4 + 3 \times 3$

$=\boxed{1}$

□ $-72xy^2 \div 9xy = -\dfrac{72xy^2}{\boxed{9xy}}$

$=-8y$ ✴ -8×3

$=\boxed{-24}$

次の式や言葉を答えよう。

□ もっとも小さい整数を n としたとき, 連続する 3 つの整数。

$\underline{n, \ n+1, \ n+2}$

□ 十の位の数を a, 一の位の数を b としたときの 2 桁の自然数。

$\underline{10a+b}$

□ n を整数としたときの $2n$。

$\underline{偶数 (2 の倍数)}$

□ n を整数としたときの $2n+1$。

$\underline{奇数}$

次の等式を〔 〕の中の文字について解こう。

□ $x+4y=3$ 〔x〕

$x=\boxed{3-4y}$ ✴ $-4y+3$ でもよい。

□ $x+4y=3$ 〔y〕

$4y=\boxed{3-x}$

$y=\boxed{\dfrac{3-x}{4}}$ ✴ $\dfrac{3}{4}-\dfrac{1}{4}x$ でもよい。

□ $3xy=9$ 〔x〕

$x=\dfrac{9}{\boxed{3y}}$

$x=\boxed{\dfrac{3}{y}}$

□ $\dfrac{1}{3}xy=9$ 〔x〕 ✴ $xy=27$

$x=\boxed{\dfrac{27}{y}}$

□ $3(a+b)=\ell$ 〔b〕

$\boxed{3a}+3b=\ell$

$3b=\ell-\boxed{3a}$

$b=\boxed{\dfrac{\ell-3a}{3}}$ ✴ $\dfrac{\ell}{3}-a$ でもよい。

等式の性質を使って計算するんだね。

◎ 攻略のポイント

等式の変形

$x, \ y$ についての等式を変形し, y を求める式を導くことを, y について解くという。

例 $9x-y=15$ 〔y〕 　$9x$ を移項する。

$-y=-9x+15$ 　両辺を -1 でわる。

$y=9x-15$

2章　連立方程式

次の言葉を答えよう。

☐ 2種類の文字をふくむ1次方程式。

　　　　　　　　　2元1次方程式

☐ 2つの2元1次方程式を1組と考えたもの。　　　連立方程式

☐ 文字 y をふくむ連立方程式から，y をふくまない1つの方程式をつくること。　　y を消去する

☐ 連立方程式で，左辺どうし，右辺どうしを加えたりひいたりして，1つの文字を消去して解く方法。　加減法

☐ 連立方程式で，代入によって1つの文字を消去して解く方法。　代入法

次の問いに答えよう。

☐ 次の連立方程式のうち，$x=3, y=-1$ が解となるものは？

㋐ $\begin{cases} 2x+3y=3 \\ x-4y=-1 \end{cases}$ 　　㋑ $\begin{cases} 5x+9y=6 \\ x-2y=5 \end{cases}$

❋どちらの方程式も成り立たせるのが解。

　　　　　　　　　　　　　㋑

次の連立方程式を解こう。

☐ $\begin{cases} 2x+3y=1 & ① \\ -x-3y=1 & ② \end{cases}$

$$\begin{array}{r} 2x+3y=1 \\ +)\ -x-3y=1 \\ \hline x\quad\ \ =\boxed{2} \end{array}$$ ❋y を消去。

これを①に代入すると，

$\boxed{4}+3y=1$ ❋$3y=-3$

$y=\boxed{-1}$

$\begin{cases} x=2 \\ y=-1 \end{cases}$

☐ $\begin{cases} 2x+3y=4 & ① \\ x=4y-9 & ② \end{cases}$

②を①に代入すると，

$2(\boxed{4y-9})+3y=4$ ❋x を消去。

$\boxed{8y-18}+3y=4$

$11y=\boxed{22}$

$y=\boxed{2}$

これを②に代入すると，

$x=\boxed{-1}$

$\begin{cases} x=-1 \\ y=2 \end{cases}$

◎ 攻略のポイント

連立方程式の解き方

連立方程式は，**加減法**，または**代入法**を使って，1つの文字を**消去**して解く。
加減法を使って解くときに，文字の係数の絶対値が等しくないときは，
それぞれの式の両辺を何倍かして，係数の絶対値が等しくなるようにする。

2章　連立方程式

次の連立方程式の解き方を答えよう。

□ かっこをふくむ連立方程式。

　　かっこをはずして整理する。

□ 分数をふくむ連立方程式。

　　両辺に分母の（最小）公倍数をかける。

□ 小数をふくむ連立方程式。

　　両辺に 10 や 100 などをかける。

□ $A=B=C$ の形の連立方程式。
$$\begin{cases} A=B \\ A=C \end{cases} \begin{cases} A=B \\ B=C \end{cases} \begin{cases} A=C \\ B=C \end{cases} \text{の形にする。}$$

次の問いに答えよう。

□ $\begin{cases} \dfrac{1}{3}x - \dfrac{2}{7}y = -1 & ① \\ 5x - 4y = -13 & ② \end{cases}$ で，

　①の係数を整数にした式は？

✱両辺に分母の最小公倍数 21 をかける。

　　　　　　　$7x - 6y = -21$

□ $\begin{cases} x + 2y = -7 & ① \\ 0.1x + 0.09y = 0.18 & ② \end{cases}$ で，

　②の係数を整数にした式は？

✱両辺を 100 倍する。　　$10x + 9y = 18$

次の連立方程式をつくろう。

□ 1 個 90 円のパンと 1 個 110 円のドーナツを合わせて 15 個買うと，代金は 1530 円でした。パンを x 個，ドーナツを y 個買ったとした連立方程式。
$$\begin{cases} x + y = 15 \\ 90x + 110y = 1530 \end{cases}$$

□ 14km の山道を峠まで時速 3km，峠から時速 4km で歩き，全体で 4 時間かかりました。峠まで $x$km，峠から $y$km とした連立方程式。
$$\begin{cases} x + y = 14 \\ \dfrac{x}{3} + \dfrac{y}{4} = 4 \end{cases}$$

□ 卓球部員は，去年は全体で 45 人でした。今年は男子が 20%増え，女子も 10%増えたので，全体で 7 人増えました。去年の男子部員を x 人，女子部員を y 人とした連立方程式。
$$\begin{cases} x + y = 45 \\ \dfrac{20}{100}x + \dfrac{10}{100}y = 7 \end{cases}$$

◎ 攻略のポイント

連立方程式を利用して問題を解く手順

1 数量の関係を見つけ，図や表，ことばの式で表す。

2 文字を使って連立方程式をつくる。

3 連立方程式を解く。

4 解が問題に適しているか確かめる。

3章　1次関数

次の問いに答えよう。

□ y が x の関数で，y が x の1次式で表されるとき何という？

　　　y は x の1次関数である

□ 一般に，1次関数を表す式は？

　　　$y = ax + b$

□ 比例は，1次関数といえる？

❀ $y = ax + b$ の式で，$b = 0$ の特別な場合。

　　　いえる

□ 反比例は，1次関数といえる？

❀ $y = \dfrac{a}{x}$ で，$y = ax + b$ の式で表されない。

　　　いえない

□ x の増加量をもとにしたときの y の増加量の割合を何という？

　　　変化の割合

y が x の1次関数であるといえるか答えよう。

□ $y = 3x - 2$　　　　いえる

□ $y = \dfrac{7}{x}$ ❀反比例　　いえない

□ $y = 3x^2 + 2$ ❀2次式　　いえない

y が x の1次関数であるといえるか答えよう。

□ 30km の道のりを x 時間で進んだときの時速 y km

❀ $y = \dfrac{30}{x}$　　　　いえない

□ 1分間に 0.5cm ずつ短くなる長さが 10cm の線香に火をつけてから，x 分後の線香の長さ y cm

❀ $y = -0.5x + 10$　　いえる

□ 縦が x cm，横が 20cm の長方形の面積 y cm^2

❀ $y = 20x$　　　　いえる

次の問いに答えよう。

□ 1次関数 $y = 4x - 3$ で，x の値が2から9まで増加したときの変化の割合は？

❀ 1次関数 $y = ax + b$ の変化の割合は一定で a に等しい。

　　　4

□ 1次関数 $y = 4x - 3$ で，x の増加量が5のときの y の増加量は？

❀ 1次関数 $y = ax + b$ で，
（y の増加量）＝ $a ×$（x の増加量）　　20

◎ 攻略のポイント

1次関数の変化の割合

1次関数 $y = ax + b$ の変化の割合は一定で，x の係数 a に等しい。

（変化の割合）＝ $\dfrac{（y \text{の増加量}）}{（x \text{の増加量}）}$ ＝ a　　左の式より，（y の増加量）＝ $a ×$（x の増加量）

3章　1次関数

次の問いに答えよう。

□ 1次関数 $y = ax + b$ のグラフは, $y = ax$ のグラフを y 軸の正の向きにどれだけ平行移動させた直線？　　　**b**

□ 1次関数 $y = ax + b$ のグラフで, a は何を表す？　　　**傾き**

□ 1次関数 $y = ax + b$ のグラフで, b は何を表す？　　　**切片**

次の1次関数のグラフをかこう。

□ ① $y = 3x - 2$

　❉切片 -2, 傾き 3

□ ② $y = -2x + 1$

　❉切片 1, 傾き -2

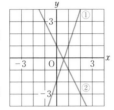

次の図の直線の式を求めよう。

□ ①　$y = 3x - 1$

□ ②　$y = -x - 2$

□ ③　$y = \dfrac{1}{2}x + 2$

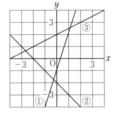

次の直線の式を求めよう。

□ 傾きが4で, 点 $(1, 3)$ を通る直線の式は？

$y = \boxed{4} x + b$ という式になるから, この式に $x = 1$, $y = 3$ を代入して,

$b = \boxed{-1}$　❉$3 = 4 \times 1 + b$

　　　　　　　$y = 4x - 1$

□ 切片が9で, 点 $(3, -3)$ を通る直線の式は？

$y = ax + \boxed{9}$ という式になるから, この式に $x = 3$, $y = -3$ を代入して,

$a = \boxed{-4}$

　　　　　　　$y = -4x + 9$

□ 2点 $(3, 1)$, $(6, 7)$ を通る直線の式は？

傾きは, $\dfrac{7 - 1}{6 - 3} = \boxed{2}$ だから,

$y = \boxed{2} x + b$ という式になる。

この式に $x = 3$, $y = 1$ を代入して,

$b = \boxed{-5}$

　　　　　　　$y = 2x - 5$

◎ 攻略のポイント

1次関数のグラフ

1次関数 $y = ax + b$ では, 次のことがいえる。

$a > 0$ のとき ➡ グラフは**右上がり**の直線。

$a < 0$ のとき ➡ グラフは**右下がり**の直線。

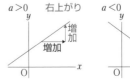

3章　1次関数

教科書 p.87~p.99

次の問いに答えよう。

□ 方程式 $ax+by=c$ のグラフはどんな線になる？　　直線

□ 方程式 $ax+by=c$ のグラフで，$a=0$ の場合，x 軸，y 軸どちらに平行？　　x 軸

□ 方程式 $ax+by=c$ のグラフで，$b=0$ の場合，x 軸，y 軸どちらに平行？　　y 軸

次の方程式のグラフをかこう。

□ ① $3x+2y=-4$

✻ $y=-\frac{3}{2}x-2$

□ ② $2x-3y=-6$

✻ $x=0$ ➡ $y=2$
$y=0$ ➡ $x=-3$

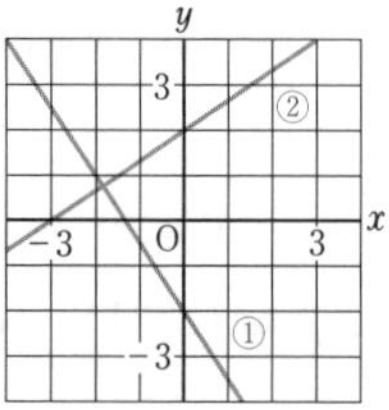

□ ③ $9y=-27$

✻ $y=-3$

□ ④ $-7x=-14$

✻ $x=2$

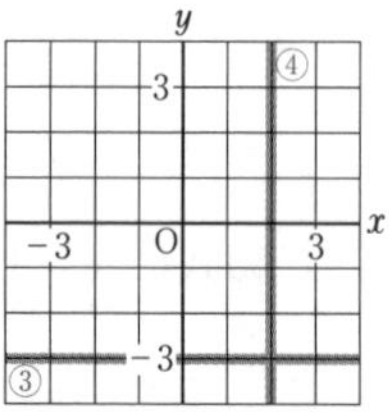

次の連立方程式の解をグラフから求めよう。

□ $\begin{cases} x-y=-4 & ① \\ x+2y=2 & ② \end{cases}$

✻ 交点の座標を求める。

$\begin{cases} x=-2 \\ y=2 \end{cases}$

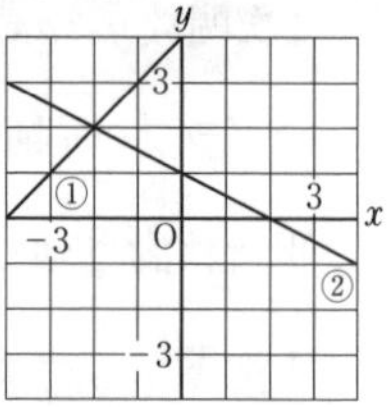

次の問いに答えよう。

□ 右の①の式は？

$y=$ $-x+2$

□ 右の②の式は？

$y=$ $3x-1$

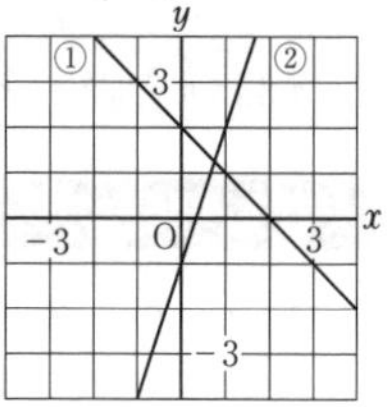

□ 上の①，②の交点の座標は？

①, ②の式を連立方程式として解く。

②を①に代入して，

$3x-1=$ $-x+2$　✻ $4x=3$

$x=$ $\frac{3}{4}$

これを①に代入すると，

$y=$ $-\frac{3}{4}$ $+2$

$y=$ $\frac{5}{4}$　　$\left(\frac{3}{4},\ \frac{5}{4}\right)$

◎ 攻略のポイント

グラフの交点と連立方程式の解

2 つの 2 元 1 次方程式のグラフの交点の x 座標，y 座標の組は，その 2 つの方程式を 1 組にした連立方程式の解である。

グラフの交点の座標
⬍
連立方程式の解

4章　図形の性質の調べ方

4章　図形の性質の調べ方

次の言葉を答えよう。

□ 右の図の ∠a と ∠b の ように，向かい合った 2つの角。　　**対頂角**

□ 右の図の ∠c と ∠d の ような位置にある角。
　　同位角

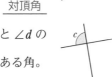

□ 右の図の ∠e と ∠f の ような位置にある角。
　　錯角

次の図で，角の大きさを求めよう。

□ 右の図の ∠a

❈ 対頂角は等しい。

71°

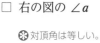

□ 右の図の ∠b

❈ 2直線が平行ならば，同位角は等しい。

113°

$\ell /\!/ m$

□ 右の図の ∠c

❈ 2直線が平行ならば，錯角は等しい。

81°

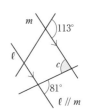

$\ell /\!/ m$

次の図で，角の大きさを求めよう。

□ 右の図の ∠x

❈ $180° - (50° + 62°)$
　$= 68°$

68°

□ 右の図の ∠x

❈ $180° - (90° + 48°)$
　$= 42°$

42°

□ 右の図の ∠x

❈ $50° + 75°$
　$= 125°$

125°

□ 右の図の ∠x

❈ $86° - 51°$
　$= 35°$

35°

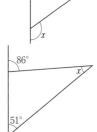

◎ **攻略のポイント**

三角形の角の性質

三角形の内角の和は，180°である。
三角形の外角は，これととなり合わない2つの内角の
和に等しい。

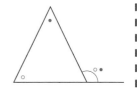

4章　図形の性質の調べ方

4章　図形の性質の調べ方

次の角の大きさを答えよう。

- [ ] n 角形の内角の和。

  $$180° \times (n-2)$$

- [ ] 多角形の外角の和。

  $$360°$$

次の問いに答えよう。

- [ ] 二十二角形の内角の和は？

  ❇ $180° \times (22-2) = 180° \times 20$
  $\qquad\qquad\qquad = 3600°$

  3600°

- [ ] 内角の和が $720°$ の多角形は？

  ❇ $180° \times (n-2) = 720°$
  $\qquad\quad n-2 = 4$
  $\qquad\qquad n = 6$

  六角形

- [ ] 正九角形の1つの外角の大きさは？

  ❇ $360° \div 9 = 40°$

  40°

- [ ] 1つの外角が $60°$ である正多角形は正何角形？

  ❇ $360° \div 60° = 6$

  正六角形

次の図で，角の大きさを求めよう。

- [ ] 右の図の ∠x

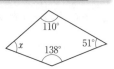

  ❇ 四角形の内角の和は 360° だから，
  $360° - (110° + 138° + 51°)$
  $= 61°$

  61°

- [ ] 右の図の ∠x

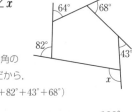

  ❇ 多角形の外角の和は 360° だから，
  $360° - (64° + 82° + 43° + 68°)$
  $= 103°$

  103°

次の問いに答えよう。

- [ ] 下の2つの三角形が合同であることを記号 ≡ を使って表すと？

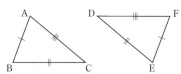

  ❇ 対応する点が同じ順序になるように書く。

  △ABC≡△FED

◎ 攻略のポイント

合同な図形の性質

合同な図形では，対応する線分の長さや角の大きさはそれぞれ等しい。

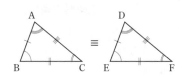

次の問いに答えよう。

□ 三角形の合同条件は？

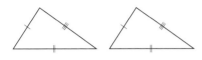

3組の辺がそれぞれ等しい。

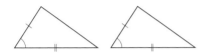

2組の辺とその間の角が

それぞれ等しい。

1組の辺とその両端の角が

それぞれ等しい。

□ 「○○○ならば□□□」という形の

文で, ○○○の部分を何という？

✿「ならば」の前が仮定。　　　仮定

□ 「○○○ならば□□□」という形の

文で, □□□の部分を何という？

✿「ならば」のあとが結論。　　　結論

次の図で, 合同な三角形を答えよう。

□ ✿1組の辺とその両端
の角がそれぞれ等しい。

△AOD≡△BOC

□ ✿3組の辺が
それぞれ等しい。

△ABC≡△CDA

□ ✿2組の辺とその間
の角がそれぞれ等しい。

△ABD≡△CBD

次の言葉を答えよう。

□ ある定理の仮定と結論を入れかえた

もの。　　　　　　　　　　　逆

□ あることがらが成り立たない例。

反例

次のことがらの逆を答え, 正しいか答えよう。

□ $a<0$, $b>0$ ならば $ab<0$

$ab<0$ ならば $a<0$, $b>0$

✿反例は $a=1$, $b=-1$　　正しくない

◎ 攻略のポイント

合同な三角形の見つけ方

対頂角が等しいことに注目する。
共通な辺や角が等しいことに注目する。

対頂角　　　　共通な辺

5章　三角形・四角形

次の定義や定理を答えよう。

□ 二等辺三角形の定義。

　　　　2つの辺が等しい三角形。

□ 二等辺三角形の性質。（2つ）

　　　　①　2つの底角は等しい。

　　　　②　頂角の二等分線は，

　　　　底辺を垂直に2等分する。

□ 二等辺三角形になるための条件。

　　　　2つの角が等しい三角形は，

　　　　二等辺三角形である。

□ 正三角形の定義。

　　　　3つの辺が等しい三角形。

次の二等辺三角形で,角の大きさを求めよう。

□ 右の図の ∠x

❀ $(180° - 72°) \div 2$
　$= 54°$

　　　　72°

　　　　x

　　　　54°

□ 右の図の ∠x

❀ $180° - 72° \times 2$
　$= 36°$

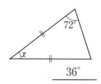

　　　　72°

　　　　x

　　　　36°

次の問いに答えよう。

□ 直角三角形の合同条件は？

斜辺と1つの鋭角がそれぞれ等しい。

斜辺と他の1辺がそれぞれ等しい。

次の図で,合同な三角形を答えよう。

□ ❀直角三角形の
　斜辺と他の1辺が
　それぞれ等しい。

△ABC≡△ADC

□ ❀直角三角形の
　斜辺と1つの鋭角
　がそれぞれ等しい。

△APO≡△BPO

◎ **攻略のポイント**

二等辺三角形の角や辺

二等辺三角形で，長さの等しい2つの辺がつくる角を**頂角**，
頂角に対する辺を**底辺**，底辺の両端の角を**底角**という。

5章　三角形・四角形

教科書
p.159～p.169

次の定義や定理を答えよう。

□ 平行四辺形の定義。

　　2組の対辺がそれぞれ平行な四角形。

□ 平行四辺形の性質。（3つ）

　　① 2組の対辺はそれぞれ等しい。

　　② 2組の対角はそれぞれ等しい。

　　③ 2つの対角線はそれぞれの中点で

　　　交わる。

次の□ABCDで, x, y の値を求めよう。

□ 右の図の x

　　　110

□ 右の図の y

　　　70

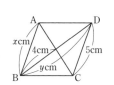

□ 右の図の x

　　　5

□ 右の図の y

　　　8

次の定義や定理を答えよう。

□ 平行四辺形になるための条件。（5つ）

　　① 2組の対辺がそれぞれ平行である。（定義）

　　② 2組の対辺がそれぞれ等しい。

　　③ 2組の対角がそれぞれ等しい。

　　④ 2つの対角線がそれぞれの中点で

　　　交わる。

　　⑤ 1組の対辺が平行で等しい。

□ 長方形の定義。

　　　4つの角が等しい四角形。

□ ひし形の定義。

　　　4つの辺が等しい四角形。

□ 正方形の定義。

　　　4つの角が等しく,

　　　4つの辺が等しい四角形。

□ 長方形の対角線の性質。

　　　長方形の対角線の長さは等しい。

□ ひし形の対角線の性質。

　　　ひし形の対角線は垂直に交わる。

◎ 攻略のポイント

平行四辺形になるための条件

平行四辺形になるため
の条件を図で表すと,
右のようになる。

6章　確率

次の言葉や式を答えよう。

□ あることがらの起こりやすさの程度
を表す数。

確率

□ どの結果が起こることも同じ程度に
期待されること。

同様に確からしい

□ 起こり得る場合が全部で n 通りあり,
そのうち,ことがら A の起こる場合が
a 通りあるとき,A の起こる確率 p。

$$p = \frac{a}{n}$$

次の問いに答えよう。

□ 確率 p の範囲は?

$0 \leqq p \leqq 1$

□ 決して起こらないことがらの確率は?

0

□ 必ず起こることがらの確率は?

1

次の問いに答えよう。

□ 1つのさいころを投げるとき,
4 の目が出る確率は?

$\frac{1}{6}$

□ 1つのさいころを投げるとき,
6 以下の目が出る確率は?

❀必ず起こる確率。　　　1

□ 1つのさいころを投げるとき,
9 の目が出る確率は?

❀決して起こらない確率。　　0

□ 正しくつくられていないさいころを
投げるとき,1 から 6 までのどの目
が出ることも同様に確からしいと
いえる?

いえない

□ さいころを 120 回投げると,
1 の目は必ず 20 回出る。
これは正しい?

正しくない

◎ 攻略のポイント

確率の求め方

① どれが起こることも同様に確からしい,起こり得る n 通りを実際に求める。

② あることがらの起こる場合の数 a 通りを実際に求め,$\frac{a}{n}$ を計算する。

6章　確率

次の確率を，樹形図を使って求めよう。

□ 2枚のコインを投げるとき，

2枚とも裏になる確率は？

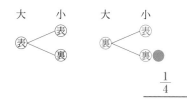

$$\dfrac{1}{4}$$

□ A，Bの2人がじゃんけんを1回す

るとき，Bが勝つ確率は？

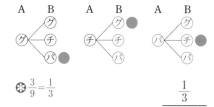

✱ $\dfrac{3}{9}=\dfrac{1}{3}$

$$\dfrac{1}{3}$$

□ A，B，C，Dの4人の中から，2人の

係を選ぶとき，Bが選ばれる確率は？

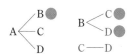

✱ A－B，B－Aは同じものとして考える。

$\dfrac{3}{6}=\dfrac{1}{2}$

$$\dfrac{1}{2}$$

表を完成させて，次の確率を求めよう。

□ 大小2つのさいころを投げるとき，

出た目の数の和が10になる確率は？

大╲小	1	2	3	4	5	6
1	2	3	4	5	6	7
2	3	4	5	6	7	8
3	4	5	6	7	8	9
4	5	6	7	8	9	10
5	6	7	8	9	10	11
6	7	8	9	10	11	12

✱ $\dfrac{3}{36}=\dfrac{1}{12}$

$$\dfrac{1}{12}$$

□ 大小2つのさいころを投げるとき，出

た目の数の和が10にならない確率は？

大╲小	1	2	3	4	5	6
1	2	3	4	5	6	7
2	3	4	5	6	7	8
3	4	5	6	7	8	9
4	5	6	7	8	9	10
5	6	7	8	9	10	11
6	7	8	9	10	11	12

✱ （起こらない確率）＝1－（起こる確率）

$1-\dfrac{1}{12}=\dfrac{11}{12}$

$$\dfrac{11}{12}$$

◎ **攻略のポイント**

確率の求め方のくふう

順番が関係ない場合の樹形図では，
A－B，B－Aなどの組み合わせは
同じものと考えて整理する。

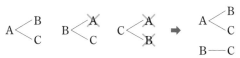

7章　データの分布

データが奇数個のときの四分位数を考えよう。

□ 次の7個のデータの範囲は？

| 6 | 7 | 9 | 10 | 13 | 15 | 18 |

✺ 範囲は（最大値）−（最小値）で求める。

　18−6 = 12

　　　　　　　　　　　　　　　　12

□ 上のデータの四分位数は？

✺ あるデータを小さい順に並べたとき，
　そのデータを4等分したときの3つ
　の区切りの値を四分位数という。

　6　　7　　9　　10　　13　　15　　18
　第1四分位数　　　↑　　第3四分位数
　　　　　第2四分位数（中央値）

　　　　第1四分位数　　7

　　　　第2四分位数　　10

　　　　第3四分位数　　15

□ あるデータの第1四分位数が7，第
3四分位数が15のとき，四分位範
囲は？

✺（四分位範囲）
　 =（第3四分位数）−（第1四分位数）
　 = 15−7 = 8

　　　　　　　　　　　　　　　　8

データが偶数個のときの四分位数を考えよう。

□ 次の6個のデータの四分位数は？

| 6 | 7 | 9 | 13 | 15 | 18 |

✺ データを3個ずつに分けて考える。

　6　　7　　9　　13　　15　　18
　第1四分位数　　　　第3四分位数
　　　↑
　第2四分位数（中央値）
　（9 + 13）÷ 2 = 11

　　　　第1四分位数　　7

　　　　第2四分位数　　11

　　　　第3四分位数　　15

□ 上のデータの四分位範囲は？
✺（四分位範囲）
　 =（第3四分位数）−（第1四分位数）
　 = 15−7 = 8　　　　　　　　8

箱ひげ図の値を読み取ろう。

□ 次の箱ひげ図の⑦~㋪で，下の四分

位数を表しているのは？

✺ ⑦は最小値，
　㋪は最大値

　　　　第1四分位数　　㋑

　　　　第2四分位数　　㋒

　　　　第3四分位数　　㋓

─────────────────────────────

◎ 攻略のポイント

小さい順に並べたデータの四分位数の考え方

データを中央値（第2四分位数）で分けた約半数のそれぞれのうち，
最小値をふくむほうのデータの中央値が第1四分位数，
最大値をふくむほうのデータの中央値が第3四分位数。